大展好書　好書大展

品嘗好書　冠群可期

大展好書　好書大展

品嘗好書　冠群可期

快樂健美站

7

雕塑完美身材

石田良惠 主編

施聖 茹譯

男女都要減肥

大展出版社有限公司

序言 知道體脂肪的秘密，美麗而聰明的塑身！

PART 1 令人茅塞頓開的提升肌力與減肥的訓練

1 雕塑身材提升肌力訓練

2 利用游泳池瘦身！藉著游泳鍛鍊身體！水中運動入門

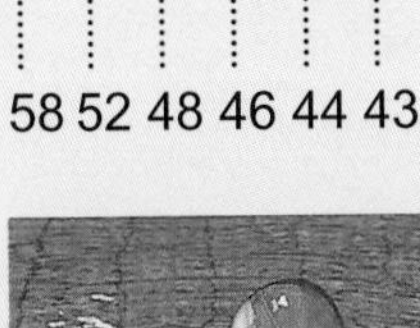

3 確實減少體脂肪的走路&跑步

4 在健身房進行的有氧運動 ~利用三大機械~

5 提高運動的充實度 伸展運動

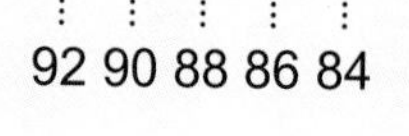

PART 2 聰明的雕塑身材 — 基本知識

1 錯誤的減肥法～減肥問題Q&A～

2 正確鍛鍊身體的肌肉入門講座

3 塑身的飲食學

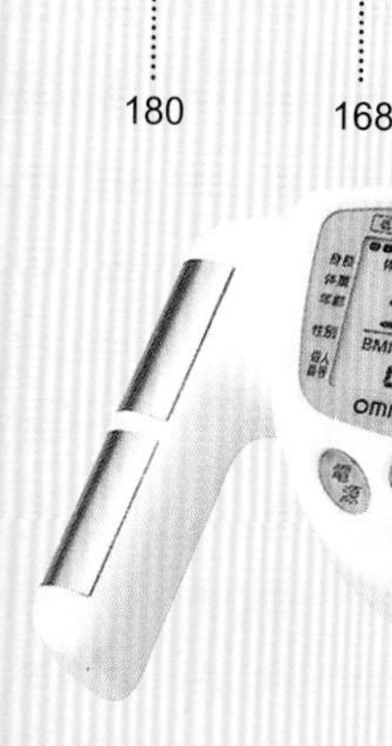
30.0 %
BMI 24.9
1473
OMRON

序言

知道體脂肪的秘密，美麗而聰明的塑身！

擊潰體脂肪
創造理想的身材

體脂肪是很棘手的問題，減肥當務之急就是消除體脂肪。如果肌肉中附著脂肪，就不能雕塑玲瓏有致的身材。

該如何減少體脂肪呢？運動是否能夠輕鬆消耗體脂肪呢？何種飲食不會讓脂肪附著呢？事實上，有很多令人似懂非懂的體脂肪的秘密。

因此，為減少體脂肪，首先要收集正確的知識，進行有效的訓練。

從遠古時代開始，人體為了在缺乏糧食時也能存活，因而形成將營養蓄積在體內的構造。

這是基因系統形成的構造，亦即會本能的將熱量較高或脂肪較多的食物蓄積在體內，這也就是令我們煩惱的體脂肪。脂肪含量較高的食品，多半也是一般人喜歡吃的東西，可能就是這種本能使然吧！

另外，生活愈來愈便利。汽車、電車、電梯、電扶梯等各種交通工具及方便的家電製品等，不僅不能讓我們活動身體以減少體脂肪，反而不斷的加速體脂肪在體內蓄積下來。

不能對附著於臟器的內臟脂肪掉以輕心

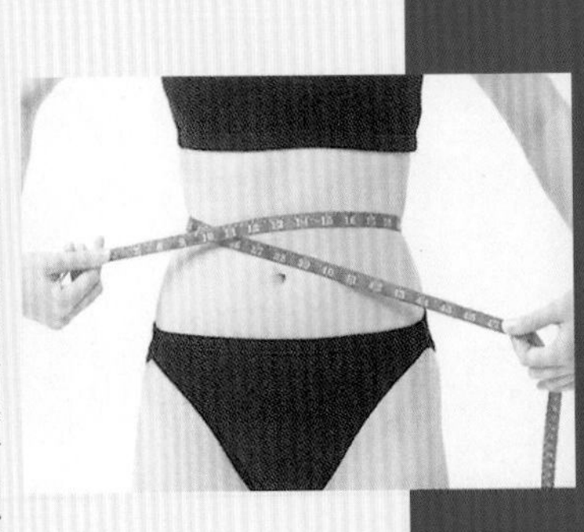

更進一步的探討體脂肪時可以發現，體脂肪有兩種。

一般所謂的皮下脂肪，多半存在於女性的臀部或大腿。由於女性荷爾蒙的關係，這是最容易附著的脂肪之一。其次是內臟脂肪。

以男性的啤酒肚為代表。同樣都是脂肪，但是，依附著部位的不同，性質也不盡相同。

皮下脂肪是被當成儲備熱量來使

用，不易被燃燒掉。內臟脂肪則具有容易附著，也容易燃燒的特性。

關於脂肪的增加與燃燒方面的運作，並非附著後又會消失。全身都有脂肪細胞，細胞的膨脹、萎縮才是我們所謂的附著或消失的狀態。

脂肪細胞本身一生只會增殖幾次。亦即在自母體出生前的胎兒時期、嬰兒期和青春期。母親攝取過多的營養或有肥胖傾向，那麼，孩子的脂肪細胞數目會偏多，成年之後容易發胖。

肥胖不是以體重而是以體脂肪率來判斷

以下先說明體脂肪增加的構造。

攝取的熱量超過運動或代謝消耗掉的熱量時，多餘的部分會成為體脂肪蓄積下來。

這是很簡單的循環，但卻難以遏止。更糟的是，體脂肪容易附著卻不易去除。

例如，要減少一公斤的體脂肪時，必須消耗七二〇〇大卡的熱量。以運動量表示，至少需要慢跑十四小時，所以，減肥容易失敗。

因此，減肥並非減輕體重，而是減少體脂肪率。持之以恆才是減肥成功的不二法門。

其次，是體脂肪率的計算方法。最普遍的是BMI判定法。計算公式是（體重〔kg〕）÷（身高〔m〕的2次方）。標準的BMI為22。超過24表示肥胖，超過35就是病態肥胖。反之，21以下表示過瘦。以此當成標準，進行減肥或訓練。

減少體脂肪的有氧運動

接著是運動，這是減肥的捷徑。我們很難拒絕美食的誘惑，而且限制飲食的減肥並不健康。

經常運動，可以強化身心健康，尤其有氧運動能夠有效的消除體脂肪。

運動可分為無氧運動和有氧運動。發揮瞬間力量的是無氧運動，例如舉重和短跑等。

走路和游泳運動則是有氧運動。

為什麼有氧運動比較好呢？因為體脂肪變成燃料前需要一段時間。運動時，會先燃燒糖分或碳水化合物等肝糖。

時間約為二十分鐘。這段時間非常重要。對於燃燒體脂肪而言，無法持續二十分鐘以上的劇烈運動毫無意義，所以，不建議各位進行這種劇烈運動。

走路、騎自行車、水中運動等，能夠緩慢的燃燒脂肪。與其每週花長時間做一次，不如花較少的時間每天進行。

減肥最忌焦躁！

懶得活動身體的人，體內會附著脂肪嗎？事實上，也不是如此。

就算完全不活動，身體每天還是要消耗掉至少一二〇〇大卡的熱量，稱為基礎代謝量。肌肉量增加時，必要的代謝量也會增加。

因此，平時有做肌力訓練的人，基礎代謝量較一般人高約二〇〇大卡，相當於慢跑二十～三十分鐘。由此可知，肌肉的品質很重要。積極做運動，能使體脂肪與肌肉量成正比消耗掉。

再來談談訓練。之前所說的有氧運動和提升肌力所需的無氧運動訓練、了解體脂肪構造的正確知識與飲食相關的營養學等，都是減肥不可或缺的。

然而，想要達到這些條件，需要很大的耐力。臨陣磨槍絕對無法成功，容易半途而廢。

因此，訂定明確的目標是首要條件。例如，身邊隨時擺放俊男美女的照片警惕自己，以他（她）的身材為目標進行訓練。

最好是決定出瘦幾吋腰圍、減輕幾公斤等具體的數字。

其次，談到運動和飲食的關係。兩者就像車子的兩輪一樣，缺一不可。因此，首先要改善運動和飲食的關係，反省自己的生活。

最後是腳踏實地的努力。想吃布丁時就吃果凍；想喝果汁時就喝茶；不搭電梯而改爬樓梯，只要注意生活的每個細節，一定能夠減肥成功。

減肥最忌焦躁。遇到的挫折或許會超乎你的想像，畢竟人體的構造十分複雜，但是，千萬不可焦躁，要朝著目標持續訓練。希望本書能夠成為你達到目標的第一步。

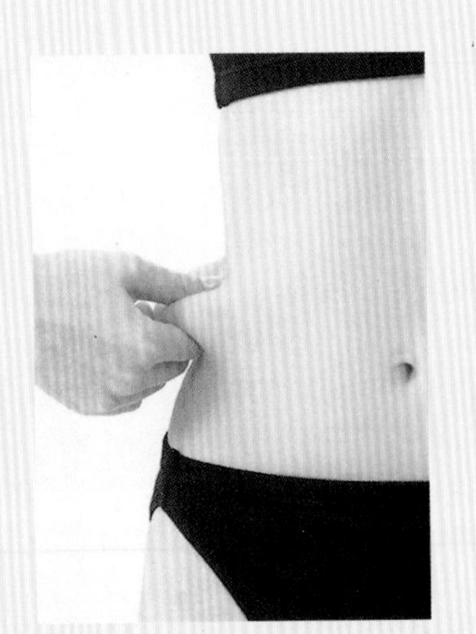

Part. 1

令人茅塞頓開的提升肌力與減肥的訓練

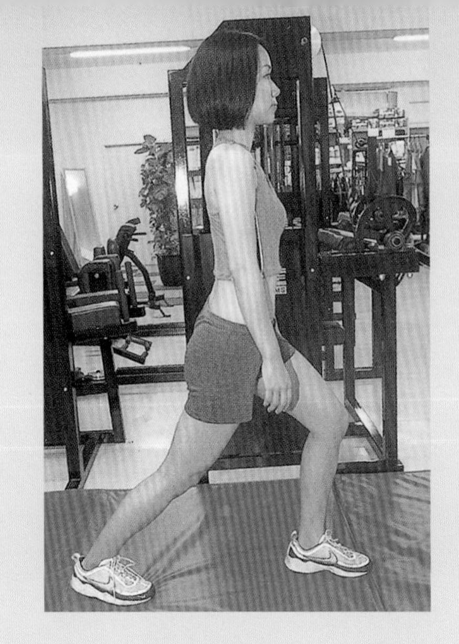

身材

力訓練

有人誤以爲減肥就是減輕體重。事實上，利用限制飲食的方式減輕體重，不能算是雕塑身材。有效且有計畫的運動，才能成功的雕塑身材，使你變得更有魅力。

協助攝影／東京世界健身房　攝影／永井知加人、鈴木美也子
示範／石田千英、拜倫．巴倫

提高運動的充實度
打造不易受傷的身體

雕塑

提升肌

上腹部仰臥起坐
腹直肌上部

腹肌訓練可以在家中進行。腹肌的可動範圍非常小，往前25度、往後30度，不可過度上抬。活動過度，會成為其他肌肉訓練。

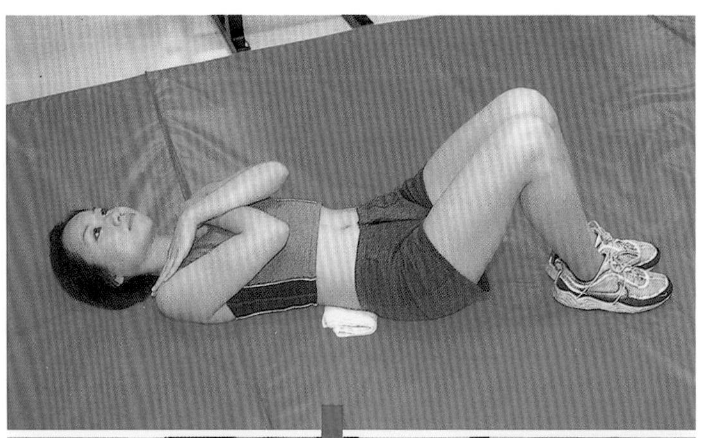

1、腰下墊厚毛巾，仰躺。
2、吐氣的同時拱起背部，收縮腹肌。
3、自然吸氣並還原。以15~20次為 1 套，共做 3 套。

檢查重點！

手置於頭後方交疊會增加負荷，頸部一旦過度用力，會影響姿勢。想要增加負荷時，可以在胸前抱啞鈴。

WAIST

下腹部仰臥起坐
腹直肌下部

下腹部仰臥起坐不只意識到上抬的動作，還要利用腹肌控制腳放下的動作，這點非常重要。吐氣的同時收縮腹肌，自然用力。以10~15次為1套，共做1~3套。

1、仰躺，手交疊置於頭後方。
2、雙腳上抬至關節彎曲成90度，膝蓋以下不可用力。
3、膝垂直上抬，拱起背部。

如果是女性，則盡量讓膝貼於胸部，拱起背部，使骨盆上抬。這時，注意腰和背部不可離開仰臥起坐椅。以10~15次為1套，共做1~3套。

檢查重點！

突然用力抬起腳，不僅無法達到腹肌訓練的目的，還可能導致損傷腰部，要注意。從不會對自己的肌肉造成負擔的範圍開始進行，酌量增減上抬次數及套數。

屈腿式仰臥起坐椅
腹肌

提到健身房的訓練，一般人都只注意到胸部和腿部等大型的肌肉。事實上，也可以利用鍛鍊器材好好的鍛鍊腹肌。這時，避免使用腹肌以外的肌力。

屈腿式仰臥起坐椅會將頭部、頸部和手肘牢牢的固定在適當的位置，所以不會用到多餘的力量，只會鍛鍊到腹肌。此外，坐起來時，手臂不要用力。

檢查重點！

腹肌訓練當然要將意識集中在腹肌，但擁有拱起背部好像包住腹肌似的想法更好。坐起上身時，視線要看著肚臍。

不要勉強使用過重的啞鈴，需要輔助的槓鈴則必須有人在旁一起訓練時才可使用。

檢查重點！

在健身房裡以錯誤的方法進行訓練，毫無意義。要詢問教練訓練器材的正確使用法。

上腹部訓練機
腹肌

利用器材進行訓練，容易產生錯覺。很多人誤以為只要多做幾次就能奏效。事實上，正確的做幾套適當的負荷訓練，才能讓肌肉得到充實感。

從伸直腹肌的狀態開始，利用腹肌的力量上身往前傾。這時意識要集中在腹肌上。

檢查重點！

過度的負荷容易損傷身體，但是負荷不足又會失去訓練的意義。重點就在於要做幾套適當的負荷訓練。

抬腳時，身體不可往下落，要緊緊的抓住握把。保持腳的高度與地面成垂直。

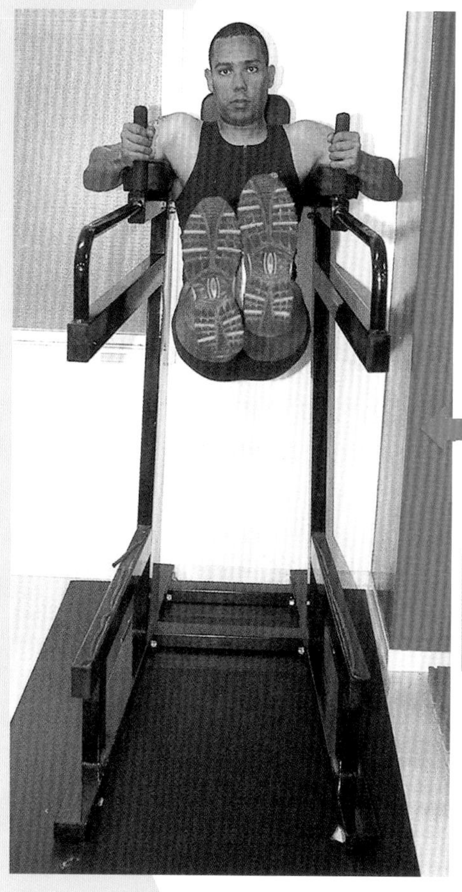

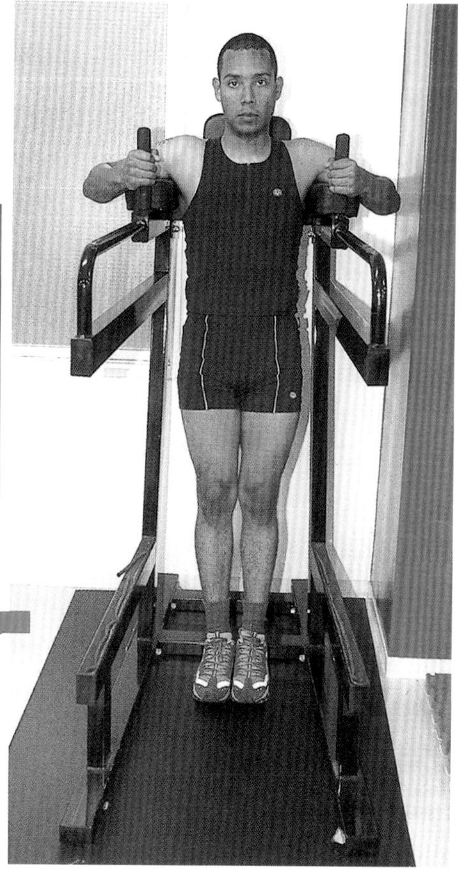

雙槓抬腿訓練機
腹肌

腳的重量直接成為負荷，這是適合高級者的訓練。腳必須十分用力，所以能夠有效的提高腿和小腿肚的肌力。不過，次數和抬腿的時間要量力而為。

檢查重點！

當腳從與地面垂直的姿勢還原時，避免利用重力或反彈力還原。保持原先用力的狀態還原，更能增強訓練效果。

飛舉啞鈴

胸大肌

仰躺在仰臥起坐椅上，手肘上抬到啞鈴的正下方。肩膀後收，肩胛骨併攏。保持這個狀態，吸氣的同時手臂朝側面放下，手肘成 90~ 120度，挺胸時再開始做動作。以 8 ~10次為 1 套，共做 1 ~ 3 套。

臥推啞鈴

胸大肌、肱三頭肌、三角肌

肩膀後收，肩胛骨併攏。從這個狀態開始彎曲手臂，手肘自然放下。挺胸時再開始做動作。吐氣時還原動作。以8~10次為1套，共做1~3套。

檢查重點！

無論是飛舉啞鈴或臥推啞鈴，挺胸時，啞鈴的軌道都是在最高點。此外，不必讓啞鈴在最高點碰觸在一起，而是好像打開肩胛骨似的，在習慣之前徒手練習。

臥推啞鈴
胸大肌、肱三頭肌、三角肌

習慣推啞鈴的動作之後，逐漸增加重量。不可勉強，要在自己的能力範圍內進行挑戰。

首先仰躺，肩膀往後拉，肩胛骨迅速併攏。從這個狀態開始彎曲手臂，手肘自然下垂。

挺胸時再開始做動作。吐氣的同時還原動作。往上推時，讓啞鈴互相靠攏。以八～十次為一套，共做一～三套。

檢查重點！

增加重量時，手肘和手腕的負擔也會增加，容易造成傷害，要注意。避免一開始就使用太重的啞鈴。請從重量較輕的啞鈴開始練習。在訓練之前，一定要好好的做伸展運動，防止運動傷害。

坐姿胸部推舉機

胸大肌、肱三頭肌、三角肌

坐姿胸部推舉機用來鍛鍊胸大肌、肱三頭肌和三角肌等肌肉。希望擁有厚實胸膛的人，可以重點式的利用這種器材。負荷或套數因人而異，不妨向自己的極限挑戰。

胸部

CHEST

推拉手臂時，肩膀和手肘與地面保持水平。不可駝背往前傾。

這種訓練可以鍛鍊胸肌。意識到胸大肌，擴大可動範圍，效果更好。

鐵片胸部推舉機

胸大肌

這種胸部推舉機加上鐵片以擴大可動範圍。由自己決定負荷和套數，積極訓練能提高肌力。

意識到胸大肌，同時推拉桿。推出時吐氣 ，拉回時吸氣。

切記拉回拉桿時用力的程度。避免利用負荷的力量拉回，必須從用力的狀態慢慢的拉回。

擴胸胸部訓練機
胸大肌

鍛鍊胸大肌的代表器材之一。胸部擴大到最大限度，然後再併攏到最小限度。重點在於盡量擴大胸部的可動範圍。意識到這點，就能提高訓練效果。

雙腳緊貼於地面，調整椅子的高度。背部也要緊貼於椅背上，挺直背肌，否則就會成為其他部位肌肉的訓練。

將握把併攏，從最大的用力狀態突然放鬆力量靜止。慢慢的還原，則肌肉會產生適度的疲勞感。反覆進行這項練習，可以提高肌肉的充實度。

檢查重點！

從肌肉大的部位到小的部位依序練習，就不會因為疲勞而使姿勢錯誤。因此，應該將胸大肌的練習納入最初的訓練項目中。

屈舉啞鈴
肱二頭肌

象徵男性力量的上臂小肉瘤並非愈大愈好。反之，女性若擁有緊實的手臂 ，則身材看起來會更加均勻。可以依目的調節訓練的重量。

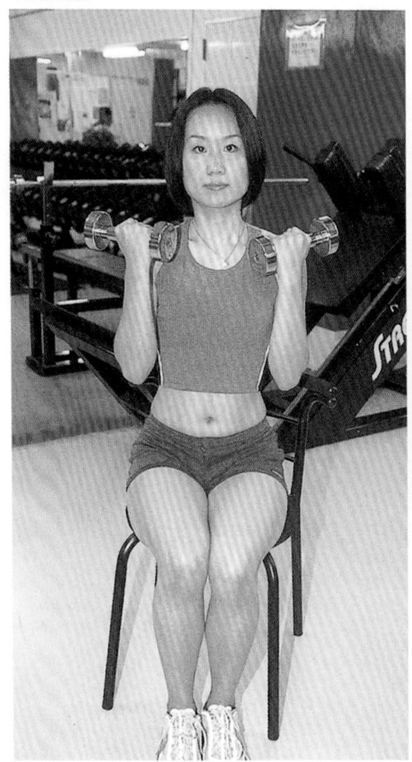

拇指面向自己，握住啞鈴，緊收腋下，手臂置於兩側。以手肘為支點，將啞鈴朝正面舉起 。

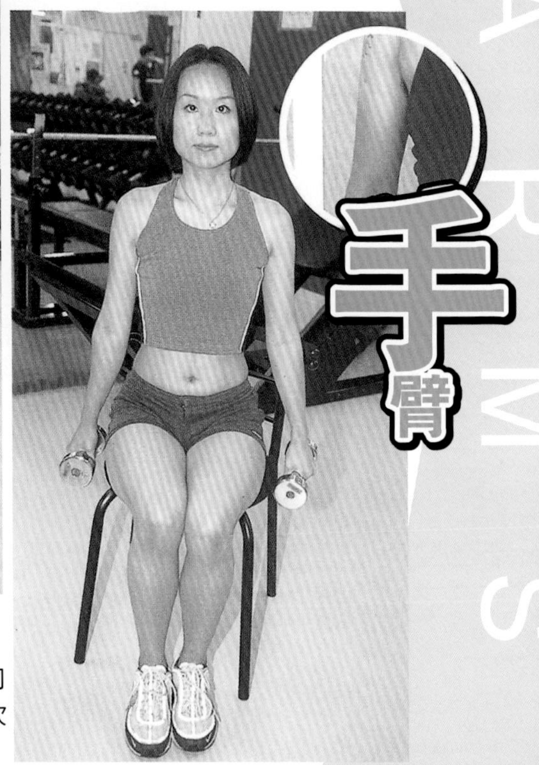

確認收縮上臂肌肉的同時，雙臂靠攏。以８~10次為１套，反覆做１~３套。

手臂

ARMS

檢查重點！

避免手臂和手肘晃動，保持這個姿勢舉起啞鈴才是正確的動作。秘訣在於手臂要緊貼於上半身。舉起啞鈴時吐氣，放下啞鈴時吸氣。

單手頸後推舉
肱三頭肌

女性特別在意這個部位的脂肪。重點不是反覆做肌肉的收縮動作，而是要進行意識肱三頭肌的動作。避免借助反彈力或利用過重的重量做訓練，否則容易造成運動傷害。

吐氣的同時以手肘為支點，舉起啞鈴。手臂伸直後還原。

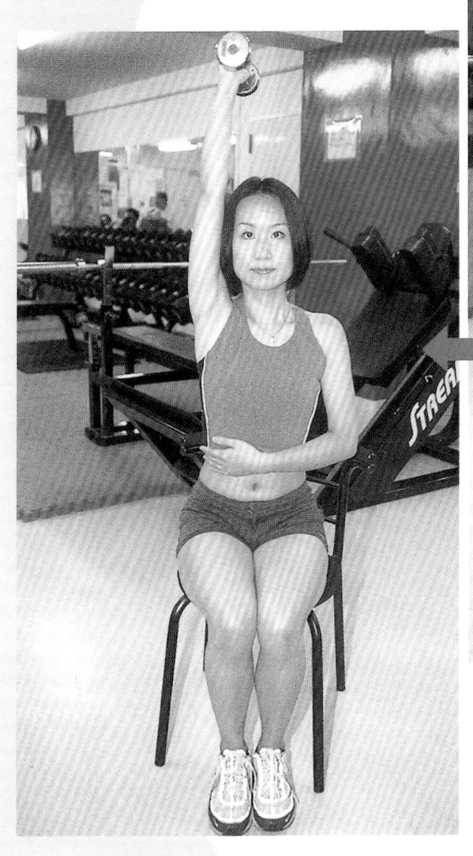

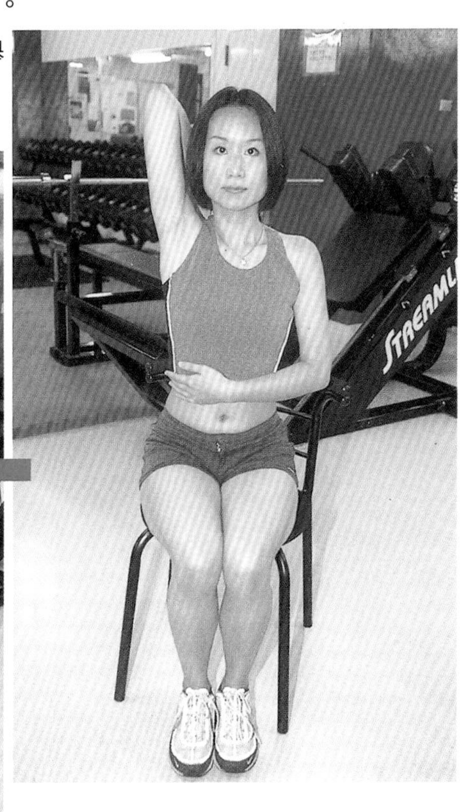

上臂貼於耳朵，手臂抬向正上方。這時要彎曲手肘，手掌朝向枕部延伸。

檢查重點！

如照片所示，為避免上身搖晃而緊收腋下。但是，一開始可用另一隻手握住手肘，在正確的軌道上移動。

坐姿三頭訓練機
肱三頭肌

這是鍛鍊肱三頭肌的訓練。有的器材容易損傷手腕，所以，最好從較輕的負荷開始進行訓練。

雙手抓緊握把，慢慢的拉到面前。這類型的握把較不易損傷手腕。

拉桿時吐氣，同時意識肱三頭肌。還原時吸氣。反覆進行練習。

檢查重點！

要注意，僅意識到肱三頭肌的力量來拉桿，不可移動背部、肩膀或借助反彈力，否則容易變成其他的訓練。

坐姿二頭訓練機
肱二頭肌

這是可以鍛鍊出手臂小肉瘤的器材。該部位的肌肉壯碩，會給人力量強大的印象，一定要納入訓練課程中。不過，最初就進行這項訓練會損傷手腕，必須從較輕的負荷開始。

抓緊握把，手肘置於板上，意識肱二頭肌，將手往上抬。

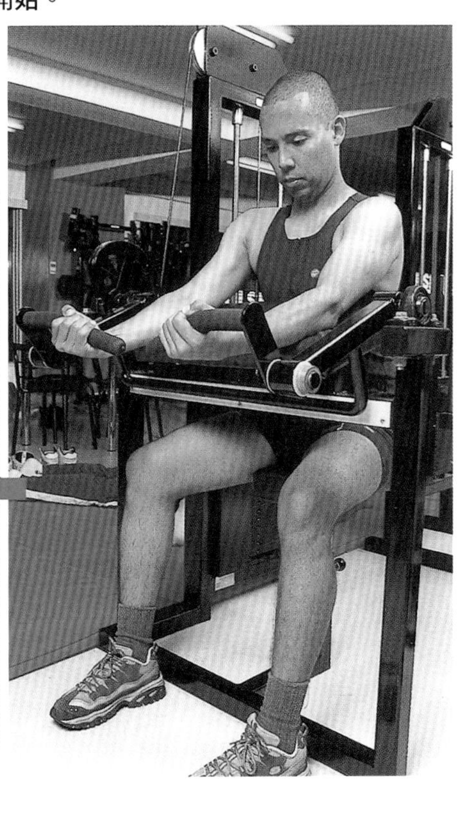

拉桿時吐氣，意識肱二頭肌。還原時，「嘶」的吸氣。

檢查重點！

握把還原時，手臂不可保持完全伸直的狀態，否則會對手肘和腰造成負擔，引起運動傷害，而且會減少運動效果。

頸後推舉啞鈴肱三頭肌

這是之前介紹過的單手頸後推舉啞鈴再增加重量的訓練。大部分的女性都很在意肱三頭肌，其實有力量的男性也可以進行這個部位的訓練。

雙手繞到後方，朝正上方舉起啞鈴。

舉到正上方後，意識到肱三頭肌，再慢慢的放下啞鈴，回到原先的姿勢，反覆練習。

手臂 ARMS

檢查重點！

當啞鈴舉到正上方時，避免往前傾。一旦手肘帶到前方，就會失去訓練肱三頭肌的效果。此外，視線必須與地面保持平行。

保加利亞式深蹲
股四頭肌、臀大肌

與一般的深蹲不同，因為是單腳進行，所以，可以當成平衡訓練。落腰時避免往前傾，直視前方。重點在於前腳的腳跟必須用力踏地。若前腳能置於比照片中的位置較遠處則更好。

後腳置於長椅上，單腳站立。這時，前腳腳趾朝向正面。

挺直背肌，用前腳做屈伸動作。膝彎曲到某種程度後，吐氣的同時還原。以13~15次為1套，做1~3套。

雙腳打開較肩寬稍窄些，膝彎曲到呈90度為止，然後再用腳跟往上推。

過度伸直會對膝造成負擔，要注意。

腳部

LEGS

45度臥姿蹬腿機
股二頭肌、臀大肌、股四頭肌

這是鍛鍊股二頭肌和臀大肌的器材。腳置於踏板上，更能提高對於臀部的效果。不可勉強增加重量，而且要避免過度屈伸膝。

坐姿伸腿屈腿兩用訓練機

彎曲大腿可以鍛鍊股二頭肌和臀大肌。伸直腳則可以鍛鍊股四頭肌。巧妙結合這兩種訓練，就可以鍛鍊出均勻的肌肉。

彎曲大腿的動作，是要將大腿貼在桿子上，保持腳伸直的姿勢，然後腿彎曲成直角。慢慢的還原，同時吸氣。以8×4套為標準。

腳勾住桿子，吐氣時伸直腳。伸直之後慢慢的還原。還原的同時要感覺到腿部的重量。以8×4套為標準。

檢查重點！

任何一種姿勢都要挺直背肌坐在椅子上。桿子也要保持在適當的位置。彎曲大腿時，桿子在大腿的正中央，伸直腳時，桿子在足脛的正中央。

臀部訓練機
臀大肌

擁有緊實臀部的男女都極具魅力。這項器材主要是鍛鍊臀大肌。臀部是一般訓練很難鍛鍊到的部位，所以，在健身房時一定要納入這個訓練項目。

檢查重點！

俯臥在器材上，緊緊的抓住握把。腳慢慢的往後伸直。兩隻腳分開進行。這是鍛鍊臀大肌的訓練，最適合當成提臀練習。要意識到臀部的肌肉來進行訓練。

兩腳置於踏板上，兩膝抵住板子。

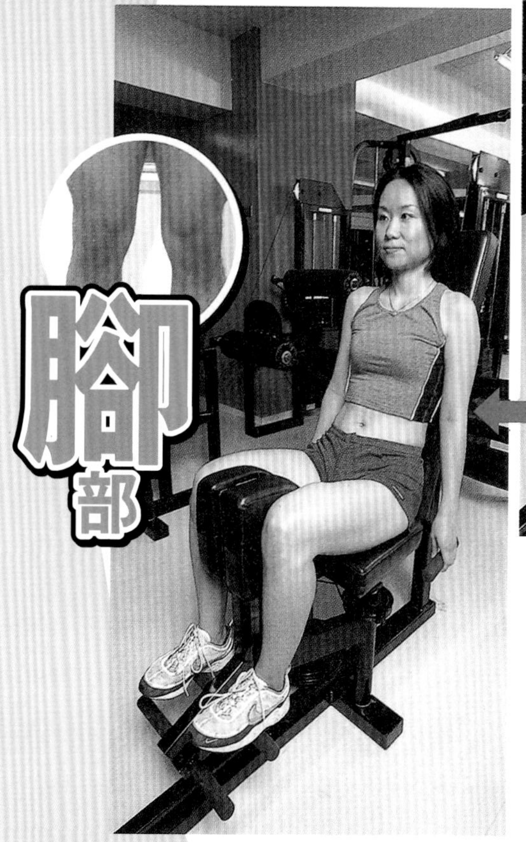

意識到大腿內側，反覆併攏、張開。張開時，一邊用力一邊慢慢的進行練習。

坐姿大腿外張機
內收肌

這是鍛鍊大腿內側肌肉的器材。能夠鍛鍊這個部位的器材並不多，最好將其納入訓練項目中。

坐姿彎曲小腿訓練機

腓腸肌

這是鍛鍊腓腸肌專用的器材。如果沒有這項設備，則可以將啞鈴置於腿上做運動。也可以鍛鍊小腿肚下方的比目魚肌。女性利用較輕的重量增加練習次數，就有緊縮腳踝的效果。

坐在椅子上，腳邊備妥踏台。拇趾球踩在踏台上，輕握把手，準備開始運動。

吐氣時用拇趾球按壓踏台，腳跟往上抬。吸氣時放下腳跟，直到能夠伸展小腿肚為止。以15~20下為一套，做1~3套。

腳部

LEGS

啞鈴深蹲
股四頭肌、股二頭肌、臀大肌

深蹲的重點是要將重心置於腳跟。屈伸時，膝在腳趾前面，表示重心過於放在前方。不可往下看，要直視前方。女性使用的啞鈴為 5 公斤，男性為10公斤。

雙手握住啞鈴，挺直背肌站立。屈伸時為避免膝扭轉，腳尖要朝向外側。從這個狀態開始，臀部往後翹並彎腰。這時要吸氣，而且將意識集中在收縮大腿後側的肌肉上。

這是看看腳底的不良示範。
腳跟上抬會使運動效果減半。

檢查重點！

訓練時，腰和背部無法保持挺直，對背骨會造成極大的負擔。因此，腹肌要隨時保持用力。另外，也可以採用減輕重量檢查姿勢的方法。

上背部訓練機
背擴肌、三角肌

這是能夠鍛鍊男性寬闊肩膀的運動。

雙手打開比肩寬，正握器材的把手，不可彎曲背肌。

BACK

背部

吐氣時，慢慢將握把落到頸部後方，然後再伸直手臂。可依重量改變練習的次數。以8次×3、4套較好。

俯臥體後仰
豎棘肌、股二頭肌

利用背肌台進行訓練。使用立姿用的器材時，大腿前面要貼住墊子，雙臂交疊於胸前，拱起背部，再開始練習。腰部到背部好像往上捲似的抬起身體。以10~15次為１套，反覆做1~3套。

抬起上身時，吐氣，伸直腰和背部。重點在於頭必須最後再抬到上方。

身體呈一直線後，吸氣，拱起背部還原。

檢查重點！

想要增加負荷的熟手，手在身後交疊或抱著啞鈴進行就能增強負荷。為避免對腰部造成負擔，要將墊子固定在適當的位置後再開始進行訓練。

側舉啞鈴
三角肌

雙腳打開如肩寬站立。雙手握住啞鈴，手臂慢慢的擺盪到身體的側面。不要挺胸，好像張開肩胛骨似的，肩自然下垂。肩膀用力時，稍微往前傾，放鬆斜方肌的力量。

SHOULDER

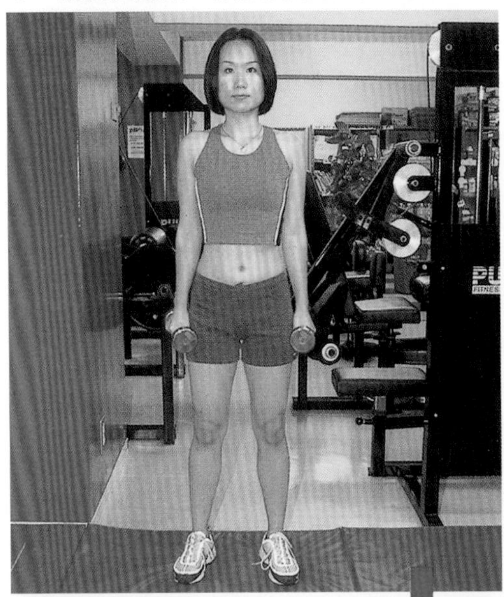

吐氣時手掌朝地，舉起啞鈴。手肘帶到身體的正側面。

手肘上抬到與地面平行後吸氣加以控制，然後放下手臂。以10～12次為1套，共做1～3套。

坐姿側舉啞鈴

坐在椅子上，雙手握住啞鈴，上抬到正側面。上抬到頂點，即肩膀稍上方的位置。來到頂點後，一邊意識到肌肉的動作一邊慢慢的放下。

肩膀訓練機

抓住握把，在手肘打開的狀態下往上抬。意識到肩膀的肌肉，慢慢的放下。但是不要完全放下，在感覺到某種程度的負荷狀態下停止，然後再度開始反覆同樣的動作。

伸展頸部
肩胛提肌、頭夾肌

最好是兩個人一起進行這項運動。頸部是非常纖細的部分，訓練時要特別謹慎。練習前一定要仔細做伸展運動。

肩膀伸出到仰臥起坐椅外，躺在椅子上。請同伴徒手為你增加負荷。

增加負荷的同伴不可突然用力或給予過重的負荷。

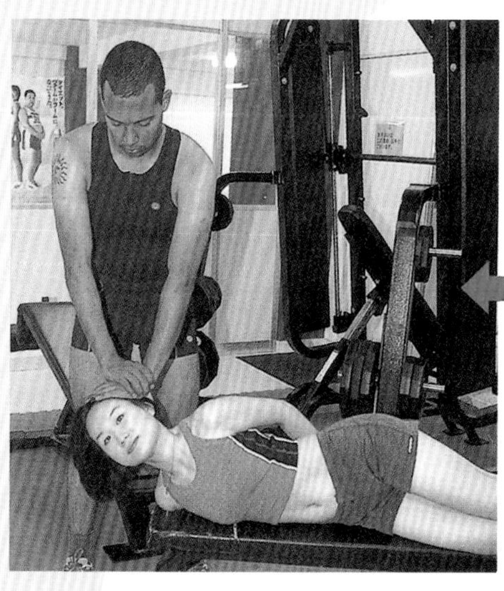

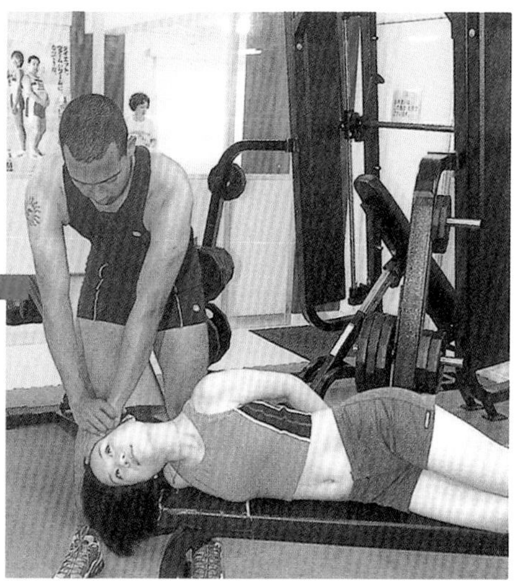

伸展側面。側躺，鍛鍊頸部側面的肌肉。左右都要進行。

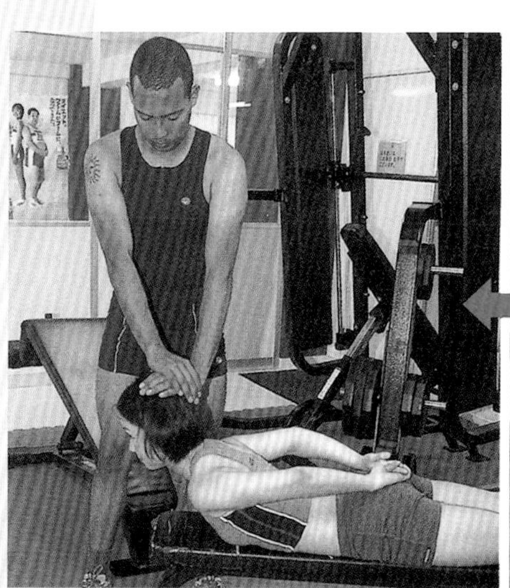

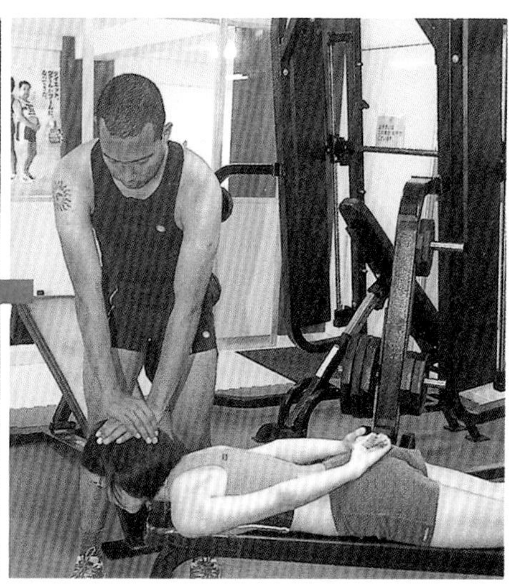

伸展頸後。仰躺，鍛鍊頸部後方的肌肉。

檢查重點！

運動前後、中間的休息時間都要做伸展運動。也可以躺著或坐著做。在下顎貼於胸前的狀態下，頸部朝左右搖動，往返數次。這樣就能伸展頸部後方的肌肉。

1-2 水中運動入門

利用游泳池瘦身！藉著游泳鍛鍊身體！

水中運動具有陸上訓練所得不到的各種優點。除了提高基礎體力外，還可以燃燒體脂肪，達到瘦身效果。巧妙地利用水的力量，能夠塑造出倒三角形上半身的肌肉，同時獲得休閒的效果。

主編・指導／古賀　富貴子

協助攝影（財）東京都健康推進財團東京都創造健康推進中心

攝影／森山越　示範／佐藤　真輝

水中運動的4大優點

1 阻力

水的密度是空氣的800倍以上，再加上水的黏性及摩擦力等，形成了運動時的「阻力」。這種阻力可以成為塑身及維持並增強肌力的自然負荷。此外，水的阻力會隨著動作的速度、大小和角度而改變。換言之，可以憑藉自己的意志，自由的調整負荷的大小。因此，游泳池是非常理想的運動器材。

2 浮力

在水中的體重因體脂肪量的不同而有不同，水的「浮力」為陸上的10分之1。在陸上跳躍著地時，要承受體重2～3倍的負荷，但是，在水中則幾乎不必承受任何的負擔。水中運動對於腰或膝造成過度負擔的危險性較低，適合體力較差、肥胖者或正在復健中的人。就算不運動而只是站在水中，也能得到極佳的休閒效果。

提高肌力、瘦身、休閒

3 水壓

在水中測量腰圍的尺寸時，會發現較陸上細4～5公分。由此可知，腹部最容易受到「水壓」的影響。結果內臟會將橫膈膜往上推，促進腹式呼吸，下意識的進行深呼吸。利用這種方式持續進行水中運動，能夠提高心肺功能。水壓的力量能夠提高各部分肌肉的收縮運動，而且血管受到壓迫，可以促進血液循環。

4 水溫

水中的熱傳導力為空氣中的約23倍，身體的熱大量被奪走。體細胞為了維持穩定的體溫，生理機能發揮作用，體內的熱量生成更為旺盛。水中的熱量消耗量較陸上高5～7％，所以有促進體脂肪的燃燒效果。此外，水能夠使身體降溫，運動時間自然會比在陸上時更長。

配合目的進行水中運動吧！

1 提高肌力，雕塑好身材！

水中運動會用到全身的肌肉，是能夠提高基礎體力而使肌力更為均衡的理想運動。然而，光是游泳，只能算是累積過度的訓練，無法得到運動效果，而且突然消耗體力，可能會造成運動傷害，甚至導致體力衰退。首先要從水中漫步等輕鬆的運動做起，在水中伸展肌肉，進行主要的游泳運動，稍作休息後再開始整理運動。整個訓練課程要富於變化，最長的入水時間也不能超過 1 個半小時。

利用水中運動能夠鍛鍊到的主要肌肉

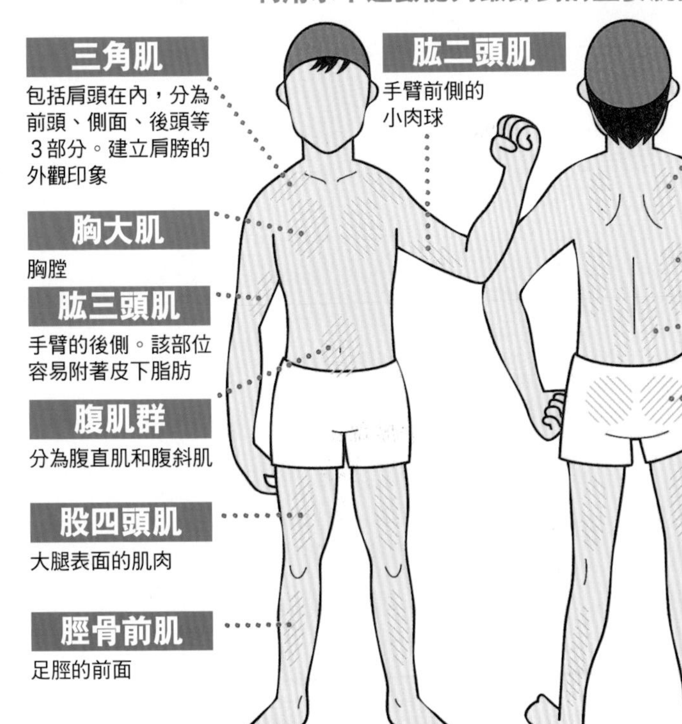

2 減少體脂肪，達到瘦身的目的！

整體而言，肥胖的人或女性的基礎體力較弱，因此，進行水中運動所消耗的熱量比陸上運動更多，而且可以進行有氧運動的水中運動，能夠有效的消除體脂肪。然而，運動量過度就毫無意義。最好從水中漫步開始，或是在短時間內進行輕鬆的伸展動作，然後再慢慢的增加時間。也可以積極活動想要瘦下來的部位，進行重點式的訓練。下點工夫 ，巧妙的安排運動的組合。

3 消除疲勞，更新身心！

減肥或提高肌力等塑身的致勝關鍵，就在於累積訓練，持續就是力量。不過，工作後或做完陸上運動而十分疲累時，如果勉強進行水中運動，會得到反效果。這時，專心且慢慢的在水中漫步，保持身心的平靜，就能獲得更新的效果。使用浮板等器材漂浮在游泳池中，也是不錯的選擇，但要避免影響到游泳池內的其他人。

展開訓練前的準備

基本的禮貌和規定

- 身體狀況欠佳或受傷時禁止進入游泳池
- 空腹或口渴時要適度的補充飲食
- 先淋浴，讓自己習慣水
- 訓練前一定要在游泳池畔（或水中）做暖身運動
- 待在游泳池裡的時間不可超過一小時。中途要稍作休息
- 從輕鬆的訓練開始，再慢慢的加入吃力的訓練，最後再回到輕鬆的訓練
- 身體出現異常時要立刻中止訓練
- 避免撞到其他人而造成不便
- 訓練的負荷控制在稍微感覺吃力的程度即可
- 訓練後一定要做整理運動
- 務必戴泳帽

適時補充水分和營養要習慣水

游泳池有很多優點，但相反的，也是容易發生意外事故的場所。安全有效的訓練，一定要事先做好萬全的準備。

首先，必須補充富含鉀的食物，例如一個加州梅或1/3根香蕉等，再喝半杯水，這樣才能防止肌肉抽筋。

從離心臟較遠處的部位開始依序習慣水。可以淋浴或坐在游泳池畔澆點水。

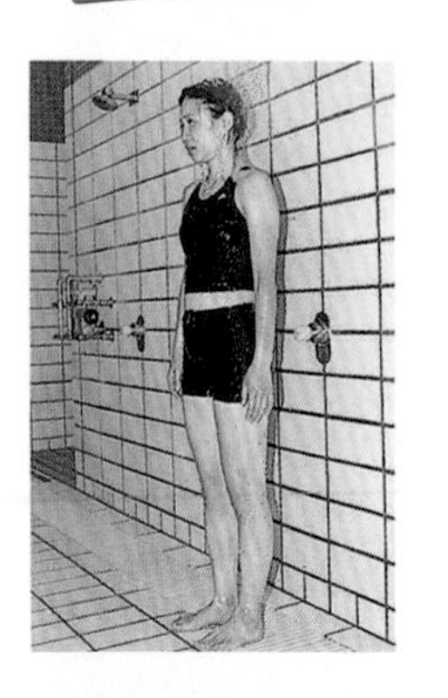

暖身運動和整理運動

突然開始進行訓練，容易引起抽筋或噁心等身體異常的現象，一定要先做暖身運動。意識集中在伸展的肌肉上，在不會感覺疼痛的範圍內伸展5～10分鐘。訓練結束後，也要做５分鐘的整理運動，伸展肌肉。可以在游泳池畔或水中進行。

③ 放鬆股四頭肌的伸展運動。單腳各做10次。手可以扶著牆壁。

② 放鬆大腿肌肉的伸展運動。單腳各做10次。

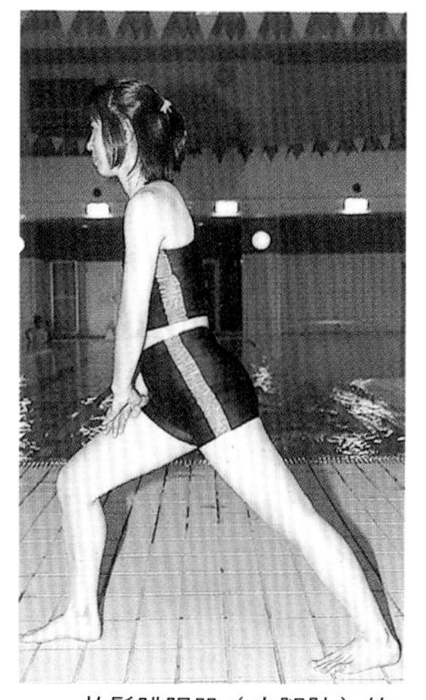

① 放鬆腓腸肌（小腿肚）的伸展運動。單腳各進行10次。

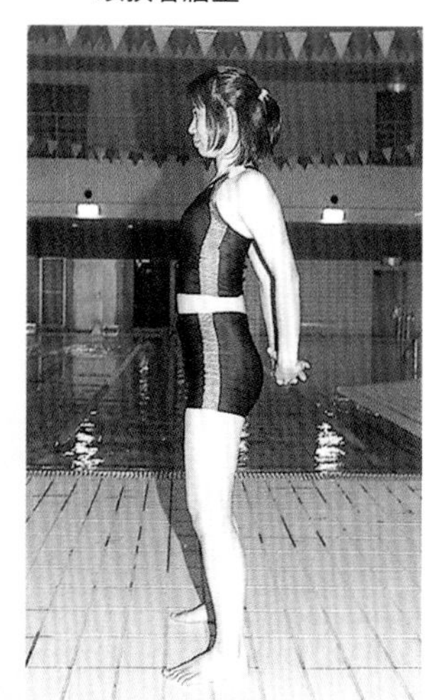

⑥ 放鬆胸部肌肉的伸展運動。挺直背肌，抬頭挺胸。

⑤ 放鬆肩膀、背部、腰部肌肉的伸展運動。一邊看著肚臍一邊做。

④ 放鬆手臂和肩膀肌肉的伸展運動。單手各做10秒。

向水中漫步

挑戰①

小幅度慢慢的走增加阻力

做完暖身運動後展開訓練。不要一開始就做負荷較高的運動，要慢慢的增加運動強度。

進行水中漫步時，首先要用較小的步幅在水中慢慢的行走。體力較差的人，光是這麼做就能達到足夠的訓練效果。具有某種程度基礎體力的人，行走時可以拉大步幅，擺盪手臂。

若要得到有氧運動的效果，走路時間至少需要二十分鐘以上，可以視個人的體力進行調整。

身體過冷或出現呼吸困難的現象時，就要暫時離開游泳池充分休息。

熟悉基本姿勢

以在陸上行走時的姿勢走路。挺直背肌，保持正確的姿勢。

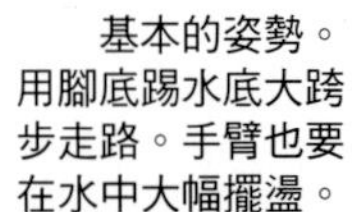

基本的姿勢。用腳底踢水底大跨步走路。手臂也要在水中大幅擺盪。

水的阻力使得身體容易前後左右搖晃，所以腹部要用力，保持平衡，維持挺直的姿勢。

改變手的擺盪方式！

變化 1

雙臂貼於體側，手肘以下的部分朝前方彎曲。彎曲的手掌朝向正面。腳踏出時 ，雙手也要朝前方擺動。

雙臂在身體的前方伸直，再朝左右張開。每一步都要反覆做這個動作。

與變化 1 的動作相似，但是，必須做出好像要用手臂將水往前推出似的動作。進行這個動作時水的阻力較小。

ONE POINT

調整手臂的擺盪，可以增加水的阻力（＝對身體的負荷）。除了在此所介紹的動作之外，也可以下點工夫，改變負荷的大小。此外，只要用手做出猜拳的動作，就可以調整對身體的負荷。

向水中漫步

挑戰②

側走

側走會對身體側面的肌肉造成負擔。要從左右兩個方向側走以取得平衡。

腳打開如肩寬，挺直站立。腳朝側面踏出一大步後，回到原先的姿勢。用雙手撥水，可以鍛鍊上半身。

倒退走

倒退走時身體容易失去平衡，要注意。和陸上不同，會承受與向前走同樣的負荷。

從稍微彎腰的狀態開始腳往後退。腳尖碰到水底，體重置於腳跟上。手可以隨意活動。

交叉走

交叉走會使用到臀大肌和大腿內側的肌肉，再加上腰的扭力，就能夠鍛鍊腹斜肌。難度稍高 。如果可以順利的完成向前走和側走，不妨向這項訓練挑戰。

左側照片的走路方式是基本練習。由於身體容易搖晃，所以腹部要用力，利用手取得平衡，慢慢的走。上方照片的走路方式，就是上抬的單腿內側肌肉從外側旋轉。

ONE POINT

若是不習慣本頁的走路方式，就很難順利完成。訓練的主要目的，即是可以活動到在陸上很少使用到的肌肉。不要在意姿勢，從快樂的走路開始練習。

提升肌力的運動①

Lesson 1 胸・背部的肌肉

雙腳朝前後打開，身體不可移動，落腰，雙腳用力踏地。雙臂置於斜後方。

手掌朝向正面，雙臂要好像畫大弧形似的移動。注意身體的搖晃。

手臂帶到斜前方，彎曲手肘雙臂盡量靠攏，這樣就可以成為胸部肌肉的運動。

從③的狀態開始，手腕翻過來，手掌朝向外側。

做與①~③為止相反的動作。腹部要用力以避免身體往前彎。

到這個步驟為止是鍛鍊背部肌肉的運動。以15次為目標，進行這一連串的動作。

Lesson 2 手臂的肌肉

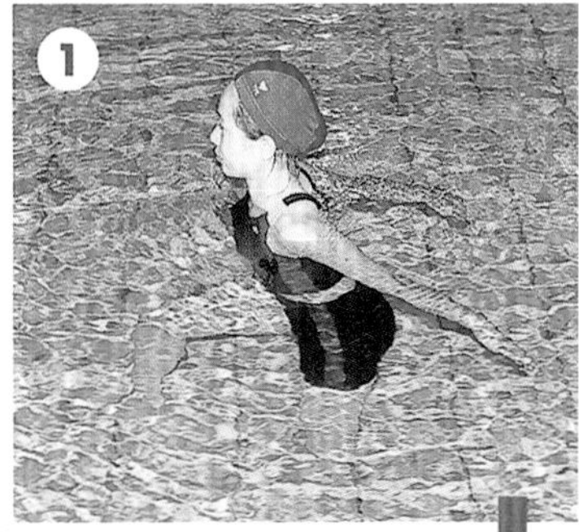

雙腳打開，落腰站穩。雙臂置於斜下方。

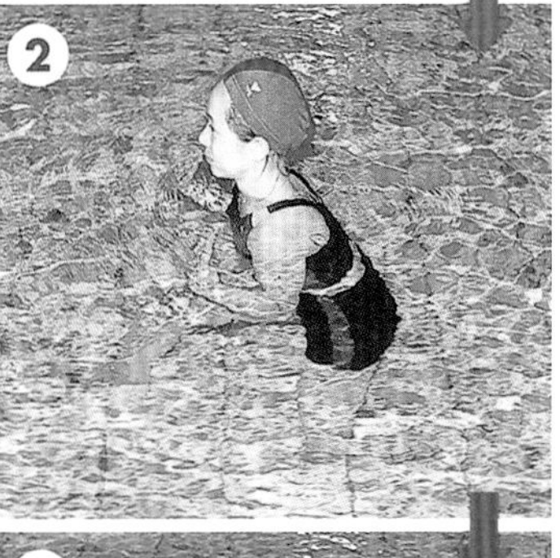

雙臂做出將水由下往上抱起來的動作。會使用到肱二頭肌等手臂內側的肌肉。

保持②的狀態，手腕翻過來，手掌伸向前方。

做與①~②相反的動作，可以鍛鍊肱三頭肌等手臂外側的肌肉。以十五次為目標。

Lesson 3 肩膀的肌肉

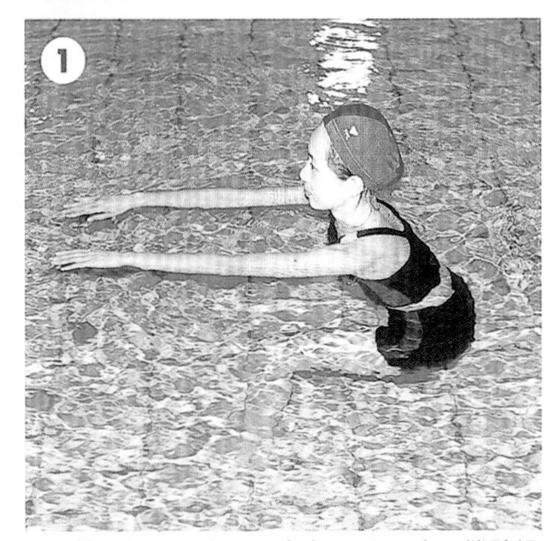

雙腳打開，落腰，穩穩的踩在地上。雙臂朝前方伸直。

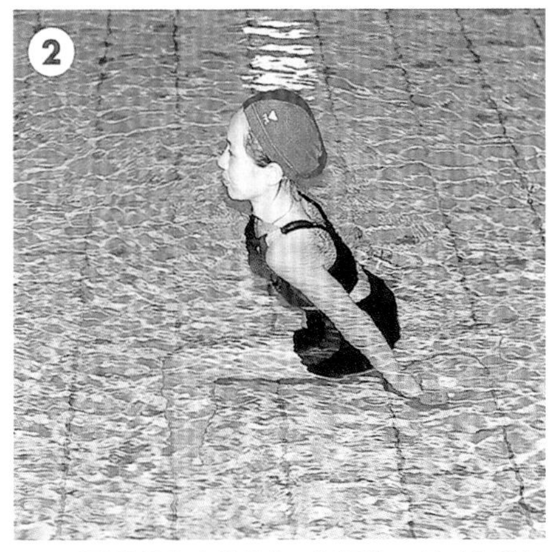

手臂維持伸直的狀態，慢慢往下滑到身體斜後方的位置。以15次為目標。

ONE POINT

在此所介紹的運動都是基本姿勢。練習時若覺得負荷過大，就要彎曲手臂，或是相反的覺得負荷太小時，就要加快動作的速度，可以自行調節。

提升肌力的運動②

Lesson 4 鍛鍊腹直肌

雙腳在水中併攏，挺直站立，膝拉到胸前。頭不可上下擺動，手朝左右伸直即可取得平衡。以十五次為目標。

Lesson 5 鍛鍊腹斜肌

雙腳在水中併攏，保持筆直站立的狀態，然後扭腰，將兩膝拉向胸前，這樣就能鍛鍊腹斜肌。手要朝與下半身相反的方向以取得平衡。左右各進行十五次。

Lesson 6 鍛鍊下半身的肌肉

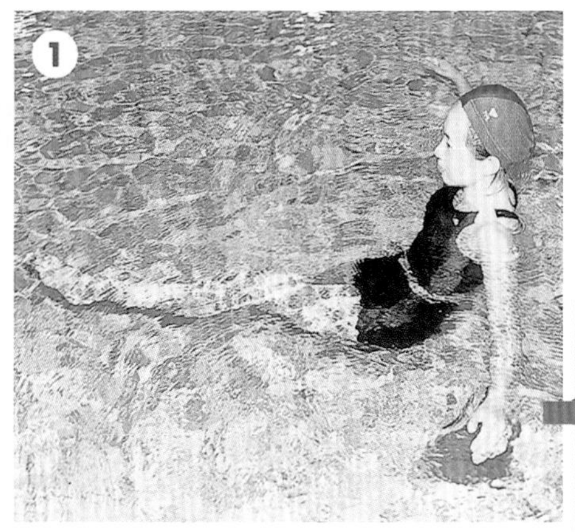

落腰，單腳朝前方伸直。盡量保持這個姿勢。

伸直的腳慢慢的朝後方移動，途中腳不可碰到池底。

利用重心腳和上半身取得平衡，單腳往後踢出。

腳於後方伸直的狀態下結束這個動作。左右腳各以15次為目標。

ONE POINT

與在陸上進行時相比，Lesson 4 & 5 的抬腳運動著地時的衝擊較小，而Lesson 6 其重心腳的負擔比在陸上時更小。這就是水中運動的優點。

提升肌力的運動③

Lesson 7 鍛鍊腳的肌肉

挺直背肌，保持站立的狀態，單腳朝側面上抬，腳伸直。腳底在水中好像畫線似的朝內側移動。利用手取得平衡。左右腳各以15次為目標。

Lesson 8 鍛鍊大腿內側肌肉

雙腳盡量張開，稍微落腰，讓雙腳腳跟貼合。以15次為目標。

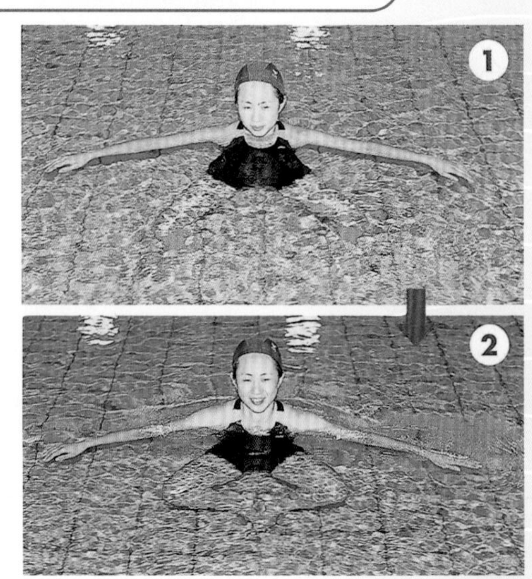

ONE POINT

利用水中用的連指手套提高訓練的負荷，有助於提升肌力。

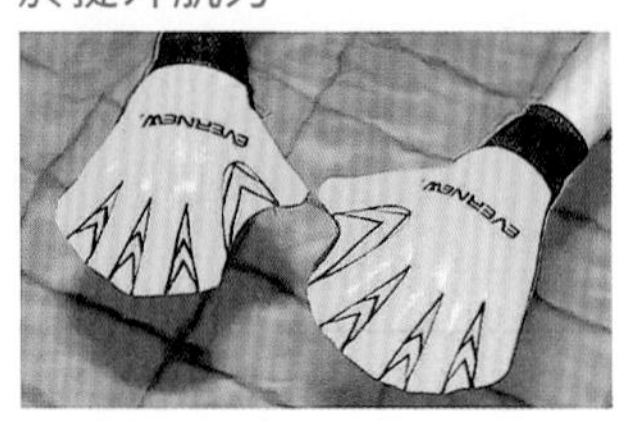

水中放鬆的建議

因為工作、家事而疲累時，或在健身房進行肌力訓練後，建議各位做水中放鬆運動。漂浮在水中，腦海中一片空白，讓疲勞的身體充分休息，則心情也能獲得更新。不過，當游泳池內非常擁擠或在禁止做這些動作的場所時，都不要這麼做。

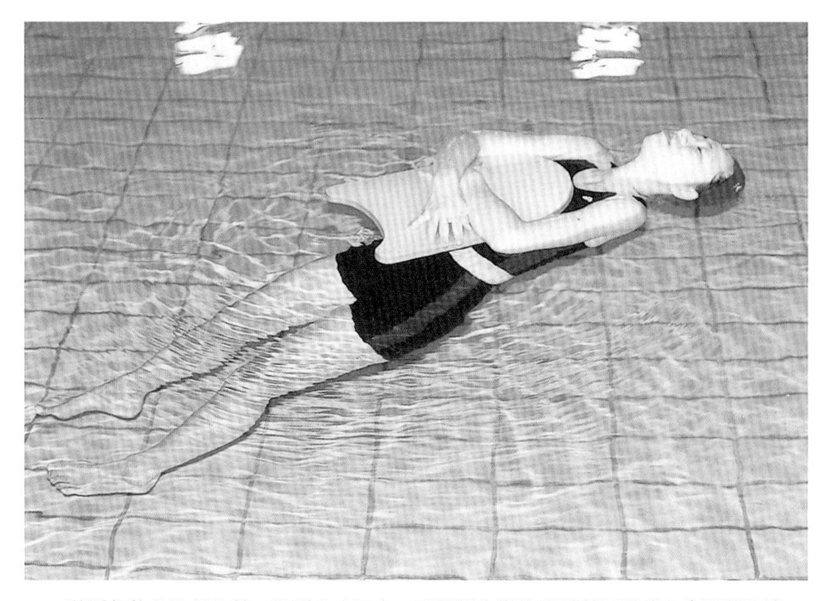

將浮板抱在胸前仰躺，漂浮在水面上。腳擱置在游泳池畔就不必擔心會漂離池邊，同時也可以減少在游泳池內撞到別人的機會。

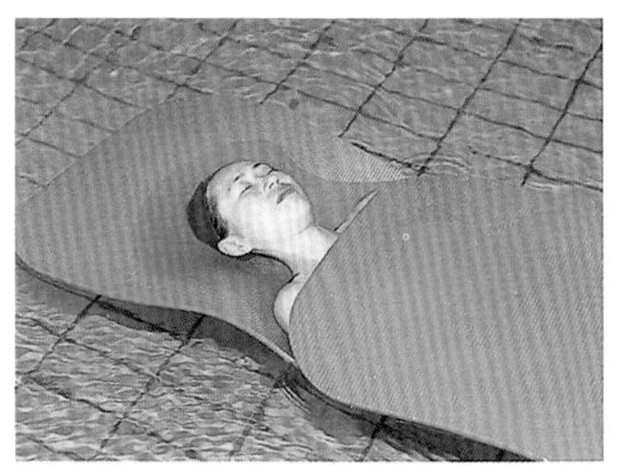

如照片所示，有的游泳池備有專用墊子。就像水床一樣，2 片疊在一起就能夠禦寒。

藉著適度的游泳 強化肌力

自由式

自由式的重點是身體和水面要保持平行。但若是太在意背部挺直的問題，全身過度用力，反而會使背部下沈。

不擅長自由式的人，可以在腰部綁輔助用具（浮具），慢慢掌握正確身體姿勢的感覺。

手部動作要特別注意的是，手肘一定要上抬到水的上方。在水中要用包括手掌在內的整個手臂抓水、推水。

換氣時則是用口吸氣，（在水中）從鼻子一點一點的吐氣。脖子如果彎曲過度時，浮力會減少，導致腳下沈。因此，搖擺（旋轉軀幹）後臉要露出水面。

蛙 式

蛙式看似簡單，事實上卻是很困難的游泳法。手腳搭配不良時，就無法順利的前進。

從正下方看時，手臂的划水軌道彷彿心形一般。手掌貼合，手臂伸直，手掌打開如肩寬，朝斜外側撥水。

這時，頭要上抬換氣，但是，太在意換氣的問題時，下半身容易下沈，所以，要順著划水的動作自然的抬起頭來。

打水的動作是，在用手撥水時膝深彎曲（避免過度收到腹部），腳跟靠攏。當雙臂往前伸時，腳也要伸直。好像用腳底將水推出、伸直後夾水似的，雙腳併攏。

仰式

游仰式時臉部朝上，呼吸比較輕鬆。由於膝會露出水面，所以，膝關節有問題的人，最好避免採取這種游泳姿勢。

仰式的重點，就是要好好的掌握漂浮在水面上的感覺。像蛙式等是臀部朝下，下半身會自然下沈。然而，過度意識到手臂的划水動作時，身體用力，頭往上，就會失去浮力。因此，首先要放鬆，進行吸氣浮於水面的練習。

游泳時頸部不可彎曲，臉和視線朝向正上方。利用搖擺運動，同時以手好像將水推向後方似的感覺來撥水。

打水游泳

自由式或仰式容易意識到手臂的划水動作，事實上，打水動作也是重要的推進力。不要認為它是不會游泳的人的動作，應該要養成正確的姿勢。

重點在於放鬆多餘的力量，整個腳好像鞭子似的活動。雙腳避免過度張開，保持兩隻腳的拇趾彷彿快要碰到般的間隔。接著，輕微屈膝，想像力量從股關節→膝→腳踝，整個腳往下落。

如果能夠有效的運用腳踝的抖動力，用腳背打水，就能夠產生更大的推進力。可以抓著分道索或游泳池邊的牆壁，身體橫陳在水中練習腳的動作。

雙腳很有節奏的交互移動。做太多多餘的動作時，就會濺起相當大的水花。

確實減少體脂肪

使體脂肪減少的有氧運動，其鐵則就是『持續適度的運動』。而走路和跑步（慢跑）都是很適合的運動。簡單且容易持續下去，所以，愛好者不斷的增加。

基於安全性和適應性的考量，想要減肥的人最好從走路開始做起。

此外，爲了能夠舒適的活動，確實減少脂肪，則一定要先學會正確及基本的姿勢。

的走路&跑步

攝影／鈴木美也子
文／大久保克哉

指導

石田良惠

女子美術大學運動生理學教授。學生時代是活躍的田徑短跑選手。

Lesson 1

學會正確的姿勢及基本的走路和跑步方式

所有運動都是同樣的，沒有正確的姿勢，就無法做出合理的動作。在此介紹的姿勢，是適用於走路和跑步的基本中的基本。即使加上手腳的動作，也要保持這種姿勢，一定要好好練習。

視線
看向正前方10~20公尺處。

肩膀
不可用力，要放鬆。

胸
挺直背肌就會自然挺胸，腹部用力。

手
不要用力，輕輕握拳，不可張開。

膝
避免過度伸直，稍微保留餘地。

藉著檢查背肌與視線保持正確的姿勢

挺直背肌就會自然挺胸，腹部用力。視線置於10～20公尺前方。臉朝向正面，下巴不可抬起。換言之，只要注意背肌和視線的正確位置，就能夠保持正確的姿勢。

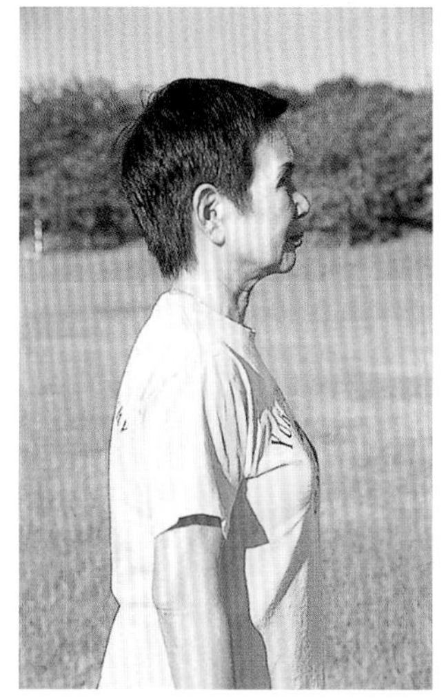

避免彎腰駝背 肩膀抬起再放下

彎腰駝背的走路方式會使腰無法挺直，步幅也會縮小。此外，提起肩膀（不是體型，而是用力的狀態）會導致手臂的擺盪動作不靈活。平時走路就要養成挺直背肌、放鬆肩膀的習慣。

放鬆肩膀的方法，就是抬起肩膀後突然放下。這是任何人都可以輕鬆做到的方法。

檢查重點

鞋子

有些人參加市民馬拉松大賽時，因為選錯鞋子而造成腳受傷。最好提高買鞋的預算，選擇重視安全性和機能性的專用鞋子。走路用和跑步用的鞋子構造不同，不要選擇像網球鞋、籃球鞋或室內鞋等具有其他用途的鞋子。

Lesson 2

利用正確的姿勢得到安全確實的效果

正確的姿勢不僅美觀，同時可以預防受傷。像走路這種輕鬆的運動，長期持續錯誤的姿勢，身體會出問題。

只要學會正確的姿勢，就能輕鬆走路，確實得到減肥的效果。

使用全身進行大步幅的走路

走路是非常適度的運動（有氧運動），而且是全身運動。也就是使用全身以大步幅的方式來走路，不是隨隨便便的走路。

為培養正確的姿勢，平時就要以正確的姿勢走路。

猴子也是用兩隻腳走路的，但是快速前進時會用到雙手（手著地）而彎腰駝背、屈膝。這就是典型的錯誤姿勢。

利用腰檢查手腳朝前後擺盪的程度

腰的位置是檢查走路姿勢的重點。手腳的動作表現在腰上。手腳能夠正確的大幅度擺盪，腰就可以好好的扭轉（朝前後移動）。只要想像抬起手臂（手肘）時收腰的感覺即可。

檢查重點

往前踏出的腳著地時，膝一定要伸直。彎曲時，腰會下沈，增加膝的負擔，無法富於節奏的走路。

從背後觀察，可以確認踢地腳（後腳）的鞋子底部即為合格。這就是正確的大跨步走路。可以請周圍的人幫忙確認。

Lesson 3

利用正確的腳的動作拉大步幅

拉大步幅走路具有相當重要的意義。一開始就認爲自己做不到，會變得容易疲累而產生挫折感。

要努力掌握腳的運用技巧，等到整體的姿勢能夠固定下來之後，自然就可以拉大步幅了。

只要以比平時走路稍大的步幅走路即可。培養正確的姿勢，自然就可以做到。

超出必要的步幅，容易疲勞，無法長時間持續，而且會失去平衡，使得節奏紊亂。

雖然小跨步能夠輕鬆持續下去，但卻缺乏運動效果。

勉強大跨步走路會造成反效果 比平時的步幅多10公分即可

拉大步幅可以提高運動效果，增加消耗的熱量。不過，超過必要以上而大跨步走路時，容易疲勞，無法長時間持續下去，會造成反效果。因此，只要比平時走路的步幅多10公分即可。

運動腳的時候要挺直，利用著地修正內八字或外八字的動作

　基本上，腳的動作要和行進方向呈一直線，但是，內八字或外八字的人通常無法辦到。首先，腳要筆直的踏出著地，這樣就可以隨時修正軌道。

內八字的人膝以下會朝身體的外側繞，外八字的人多半膝呈打開的狀態。兩者都無法拉大步幅。

許多人都沒有發現自己以錯誤的姿勢走路。可以利用鏡子或玻璃等觀察自己的姿勢。只要從正面走向鏡子，就可以檢查姿勢。

檢查重點

用腳尖走路會損傷小腿肚，但若是整個腳底用力踩在地面大步走路，則會損傷大腿。這兩種走路方式都無法拉大步幅。

意識到從腳跟先著地，在著地之前膝就能夠伸直，自然的拉大步幅。

整個腳底著地後，慢慢的將重心移到腳尖。

重心置於腳底根部時，用腳趾（尤其是拇趾）踢地。藉著這個反彈力能夠打開股關節，腰也會往前推出，拉大步幅。

Lesson 4

利用手臂的擺盪掌握速度與節奏

要使走路成爲有效的全身運動，則擺盪手臂是不可或缺的動作。擺盪手臂也決定走路的速度和節奏。因此，必須檢查手臂是否正確的擺盪，然後再慢慢的加快走路的速度。

手肘大幅度往上伸時，能夠增加步幅。小幅度擺盪手臂，能夠加快走路的速度。但不可極端的偏重於任何一方。

手臂的擺盪和手肘的彎曲程度較小時，無法增加速度和步幅。

放鬆肩膀，手肘彎曲成直角，較為理想。不要用力，就能夠順暢的擺盪手臂，形成適當的節奏。

大幅度擺盪增加步幅
小幅度擺盪加快速度

在熟悉基本姿勢的階段，要大幅度擺盪手臂，以拉大步幅為優先考量。等到姿勢固定，習慣於走路之後，只要調整擺盪手臂的程度，就可以提高速度和節奏。

肩膀用力時，腋下放空，手肘會朝身體的左右突出。

保持手臂挺直 利用手肘帶動意識

和腳同樣的，手臂的動作和行進的方向成一直線，保持挺直。肩膀和手臂不可過度用力，意識到用手肘來帶領整個手臂，就能夠順利的擺盪。

檢查重點

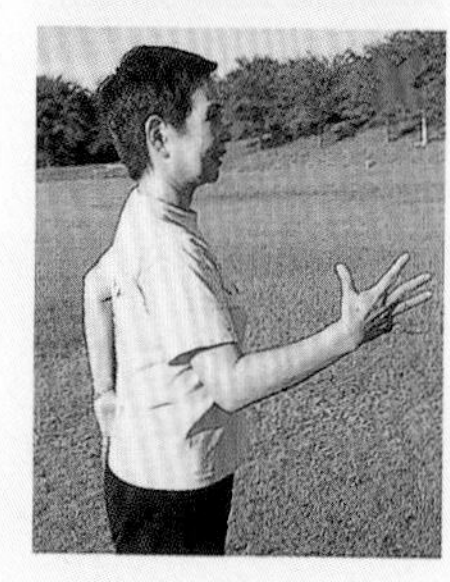

最好輕握手掌。緊握或張開手掌時，手臂會過度用力，形成不自然的擺盪動作。

雖然手臂擺向側面能夠掌握節奏，但是對於朝向前方的推進力毫無幫助。

Lesson 5 將跑步當成走路的延長

就技術而言，跑步和走路沒有太大的差異，可以互換。身體飄在空中的瞬間（跳躍）就是跑步，單腳經常接觸地面就是走路。熱量消耗較多的是跑步，但是，對於關節和心臟的負擔也較大，要注意。

跑步和走路的姿勢不同，跳躍時步幅會拉大，身體或多或少會往前傾。

疲累時不要勉強
慢慢的提高跑步的比例

跑步是走路的延長，抱持這種想法跑步才能夠持之以恆。最初不要勉強，覺得疲累或痛苦時，就回到走路的動作，慢慢的提高跑步的比例。

檢查姿勢的重點和走路相同，要注意姿勢（下巴或背肌）和手腳的動作。

Lesson 6

利用正確姿勢跑步的秘訣

最後介紹利用正確、優雅的姿勢來跑步的秘訣及安全跑步的檢查方法。跑步最需要留意的是，避免速度過快。根據統計資料顯示，死亡事故最多見的運動就是跑步，所以，凡事「過猶不及」。

手腳併攏站立。

慢慢的往前傾，直到快要跌倒為止。

快要跌倒時，單腳自然往前跨出，支撐即將倒下的身體。

雙腳站立 重心直接往前移動

雙腳站立，重心往前移動，到達極限時，單腳就會自然的往前跨出，支撐快要跌倒的身體。這時，出腳的感覺和身體的姿勢就是跑步時的基礎。反覆做幾次，利用身體來掌握這種感覺。

與其執著要拉大步幅，不如以感覺舒服的速度和節奏輕快的來跑步。

修正 過大的聲音

跑步時的聲音是知道缺點和危險的線索。腳步聲太大，表示可能整個腳底著地或上下動作太強，會阻礙前進。原本想擴大姿勢，結果卻導致速度太快。呼吸聲變大或節奏紊亂時，表示速度過快。呼吸紊亂或呼吸困難，表示已經不再是有氧運動，而是危險的訊息。

檢查重點

心跳次數

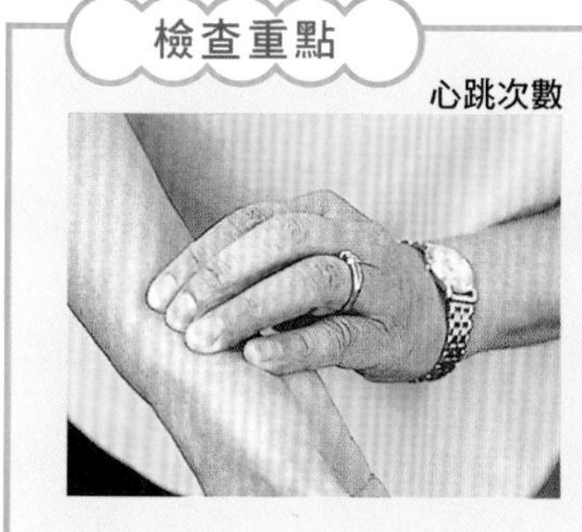

為了使走路或跑步輕鬆的持續下去，必須檢查心跳次數。打開手掌，手指抵住拇指根部的陷凹處進行測量。將10秒內的次數乘以6倍，即為1分鐘的心跳次數。最好維持「120下」或「比平時增加2成」的程度。但這也要考慮年齡或體力等個人因素。

在健身房進行的有氧運動

利用3大機械

- 跑步機
- 有氧健身車
- 登山踏步機

有氧健身車

堪稱有氧運動入門篇的有氧健身車，以坐姿運動，自己的體重不會成為負荷，任何人都可以輕鬆的進行。運動不足的人，不妨先向這種器材挑戰。

健身房一定備有有氧運動器材，最典型的是有氧健身車、跑步機和登山踏步機。主要用來做整理運動和暖身運動，但是，最近卻因爲它的功能而成爲絕佳的減肥器材。只要正確使用，就能夠提高心肺功能、鍛鍊足腰，同時燃燒脂肪。在此介紹各器材的使用法及運動效果。

登山踏步機

腳踩在踏板上，可以減輕膝的負擔。稍微吃力的動作有助於減少體脂肪，同時具有提高腿部肌力的效果。

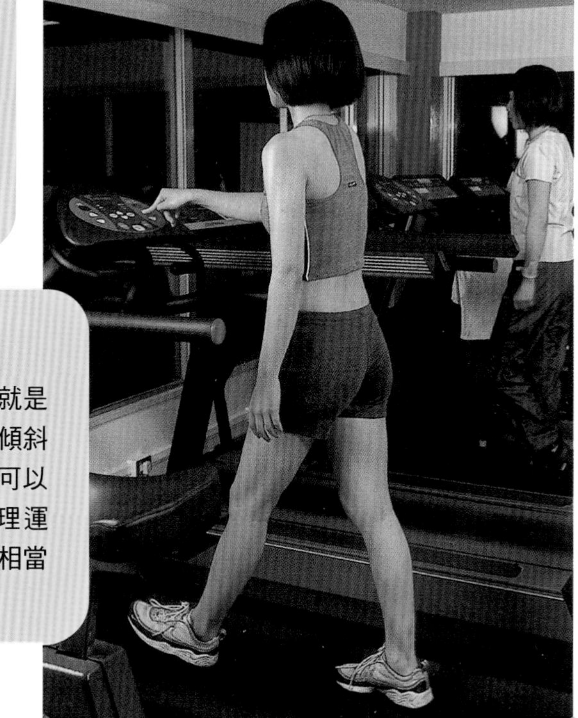

跑步機

跑步機最大的優點，就是可以配合體力或肌力調整傾斜度及增減速度。此外，還可以用來進行暖身運動或整理運動，提高心肺功能，用途相當廣泛。

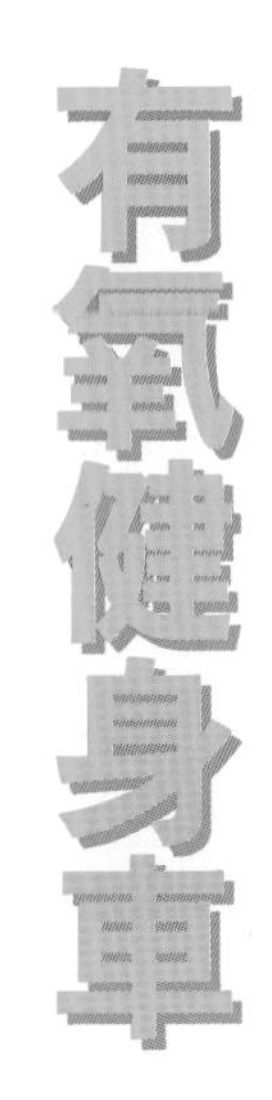

對身體最溫和，生手可以從這種器材開始訓練

所有的健身房都有設置有氧健身車。現在這種用法簡單的袖珍型有氧健身器材已經普及到一般家庭中。不過，健身房裡的健身車具有較優秀的性能和持久性。

這種器材最大的特徵，就是體重和運動沒有直接關係。走路或跑步等，本身的體重會成為負荷，對足腰造成負擔。但是，有氧健身車是在坐著的狀態下做運動，幾乎不會受到體重的影響，對身體而言是最溫和的器材。

肥胖、足腰較弱或剛開始減肥的人，一開始最好使用這種器材。看起來就像是在騎普通的自行車一樣，只是自行車的負荷是固定的，但有氧健身車的負荷則可以調節，兩者的運動量無法相比。

檢查重點

坐墊調到適合自己的高度。太高時腳構不著，姿勢不協調；如果太低時會造成膝的負擔。大致的標準是，踏板在最下方時，腳底心的位置正好踩在踏板上。

「至少運動二十分鐘」具有使腿部緊實的效果

首先，配合自己的情況，調整坐墊的高度、把手的方向。為避免過度前彎，坐下來之後要確實的握住把手，放鬆肩膀的力量。

踏板要維持在「踩起來稍微吃力」的程度。最近市面上推出可以利用耳垂或手指測量心跳次數、掌握騎乘距離、旋轉數和消耗熱量的數位健身車，可以自動調整負荷或組合各種課程來做運動。

想要燃燒脂肪，至少要持續運動二十分鐘，否則無效。這是有氧運動的鐵則。

一些喜愛運動的人會利用這種器材來進行暖身運動。

是很吃力的運動，具有瘦腳和提臀的效果

雙腳分別踩在兩個踏台上，左右輪流踩踏。利用登山踏步機進行腳上下踩踏的運動，是很棒的有氧運動。

近似爬樓梯或跑步的動作，但是腳底著地，可以減輕膝及關節的負擔（衝擊）。此外，可以鍛鍊大腿和臀部的肌肉，是想要瘦腳及提臀的女性最好的選擇。

然而，這種運動相當的吃重，使用方式錯誤容易導致受傷，要注意。重點在於要用雙手牢牢的抓住扶手，支撐身體，盡量減輕負荷，才能持續做運動。這種運動能夠迅速燃燒脂肪。另外，無扶手型，亦即必須配合踩踏動作擺盪雙手的器材，負擔極大，生手和肥胖的人最好避免使用。

檢查重點

任何運動器材都一樣，使用完畢後要好好的拭除汗水，以方便下一個人使用。尤其使用登山踏步機後特別容易出汗，一定要攜帶擦拭器材用的毛巾。

配合目的調整負荷的大小，產生不同的效果

一般的器材幾乎都可以調整負荷或速度，有的器材甚至可以用手指測量心跳次數、自動調節負荷及執行較吃力的課程等。

登山踏步機的運動，會因負荷大小的不同而產生不同的效果。

除了先前介紹的減肥和提臀效果之外，也有人利用它來提高肌力、持久力，或是當成整理運動器材來使用。

基本上，登山踏步機是有氧運動訓練器材，但像滑雪選手等，則會組合較吃力的課程來鍛鍊足腰，提高肌肉的持久力。

此外，在訓練結束後，有些人會使用登山踏步機來消除疲勞，使心跳次數恢復正常。

爲了熟悉基本動作，必須使用有氧運動器材的始祖

提到有氧運動，會令人想到走路或跑步。健身房普遍設有可以在室內進行跑步訓練的跑步機，數量不輸給有氧健身車。這種器材不斷的更新，以前要靠自己的力量讓滾輪轉動，現在則能夠藉著測量心跳次數，以數位的方式表示消耗熱量（速度、時間、距離），甚至可以控制速度或傾斜度。

生手最好挑選安置在鏡子或玻璃窗前的器材，藉此可以看著自己的身影，培養正確的姿勢。

能夠輕鬆的完成20、30分鐘的走路或跑步運動，就可以提高心肺功能，保持正確的姿勢，同時減少體脂肪。

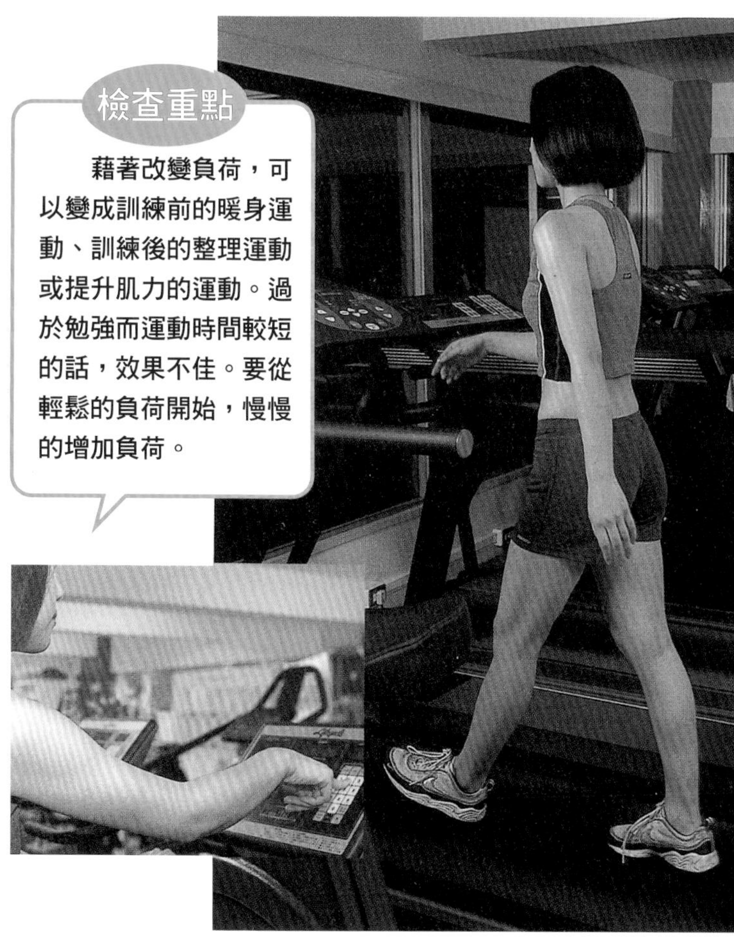

檢查重點

藉著改變負荷，可以變成訓練前的暖身運動、訓練後的整理運動或提升肌力的運動。過於勉強而運動時間較短的話，效果不佳。要從輕鬆的負荷開始，慢慢的增加負荷。

以「稍微吃力」爲目標，習慣之後增加傾斜度

選擇跑步的速度或負荷（傾斜）時，最好以心跳次數為目標。一般而言，燃燒脂肪時的心跳次數為「一二〇／分」或「比平常增加二成」。當然，要考慮年齡、性別、體力等個人因素，重點在於要盡量維持心跳次數。

沒有心跳次數測量裝置而自己又懶得計算的人，可以和使用有氧健身車同樣的，運動到感覺「稍微有點吃力」的程度即可。這相當於在室外的走路或跑步。藉由訓練就可以掌握心跳次數。

那麼，到底要在第幾階段增加傾斜度呢？事實上，只要持續二十分鐘以上，則即使是較緩的角度，也等於爬了相當陡峭的坡。在上下坡的路線中所使用到的肌肉部位和量，較在平坦的路線中更多，具有促進減肥的效果。

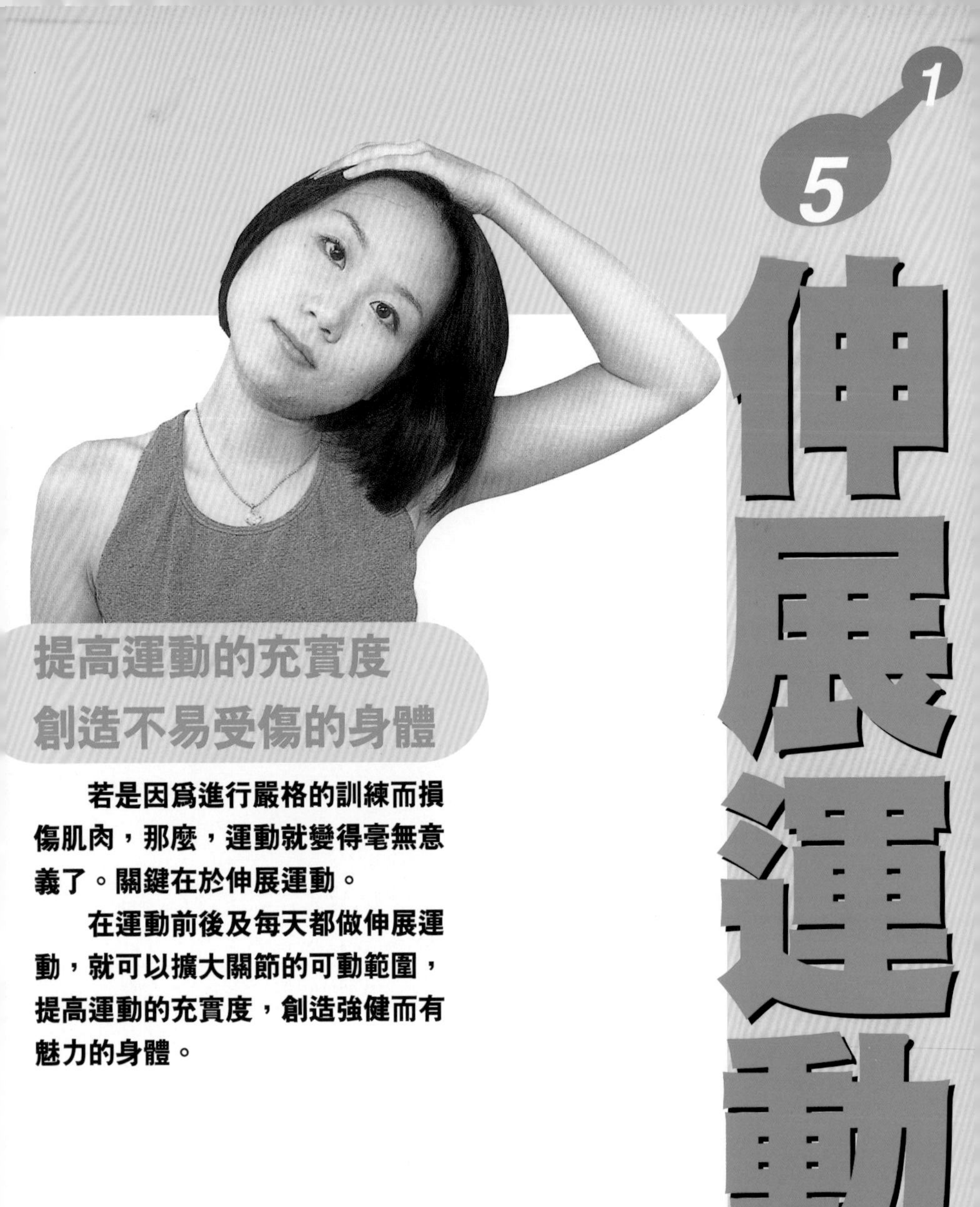

1-5 伸展運動

提高運動的充實度 創造不易受傷的身體

若是因爲進行嚴格的訓練而損傷肌肉，那麼，運動就變得毫無意義了。關鍵在於伸展運動。

在運動前後及每天都做伸展運動，就可以擴大關節的可動範圍，提高運動的充實度，創造強健而有魅力的身體。

攝影／鈴木美也子

協助攝影／世界健身房東京店

為了減少體脂肪，
訓練時要積極的
進行暖身運動和
整理運動！

頸部

不要給予過多的負荷！慢慢的移動

頸部肌肉包括斜方肌（側部、後部）和頭夾肌、肩胛提肌等。一般的健身運動很少鍛鍊到這個部位。在進行訓練之前要做伸展運動。但這裡又是神經集中的纖細部分，所以不可給予過多的負荷或突然做動作。

挺直背肌，不要改變視線的高度，頸部朝左右慢慢的扭轉。自然的扭轉，避免突然轉動。

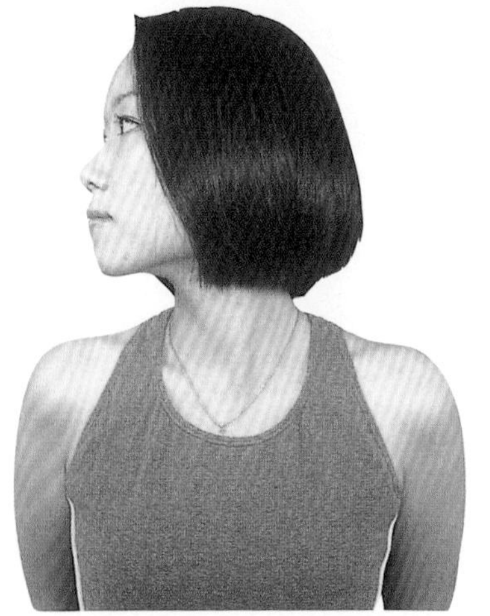

單手置於頭上，感覺手的重量，將頭倒向側面。

雙手肘貼向腋下，將下巴由下往上推，讓頭倒向後方。

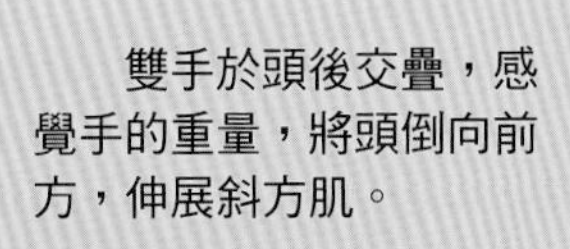

雙手於頭後交疊，感覺手的重量，將頭倒向前方，伸展斜方肌。

肩膀與手臂

上下左右均衡的伸展

手臂和手肘是肌力訓練時經常會使用到的部位，要好好的做伸展運動。怠忽這些部位的動作，筋和關節容易受損。主要的肌肉是肱二頭肌和肱三頭肌，必須上下左右緩慢且均衡的伸展。

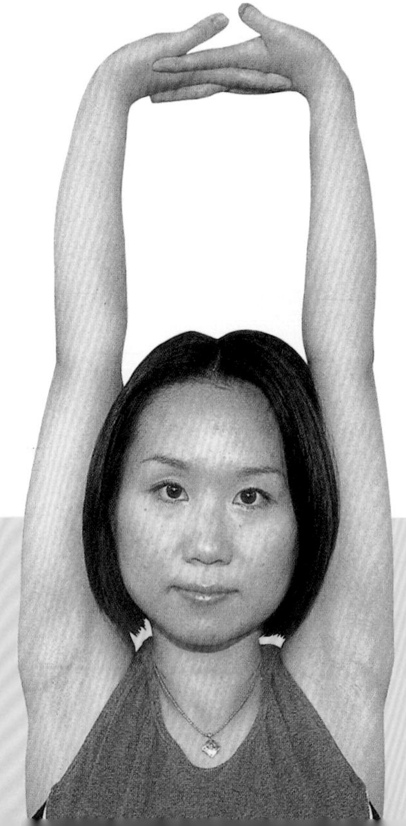

兩手肘伸直，雙手交疊伸向天花板。這時，挺直背肌，腰不可彎曲。從這個狀態開始，身體朝左右倒，伸展體側。左右都要緩慢的進行。

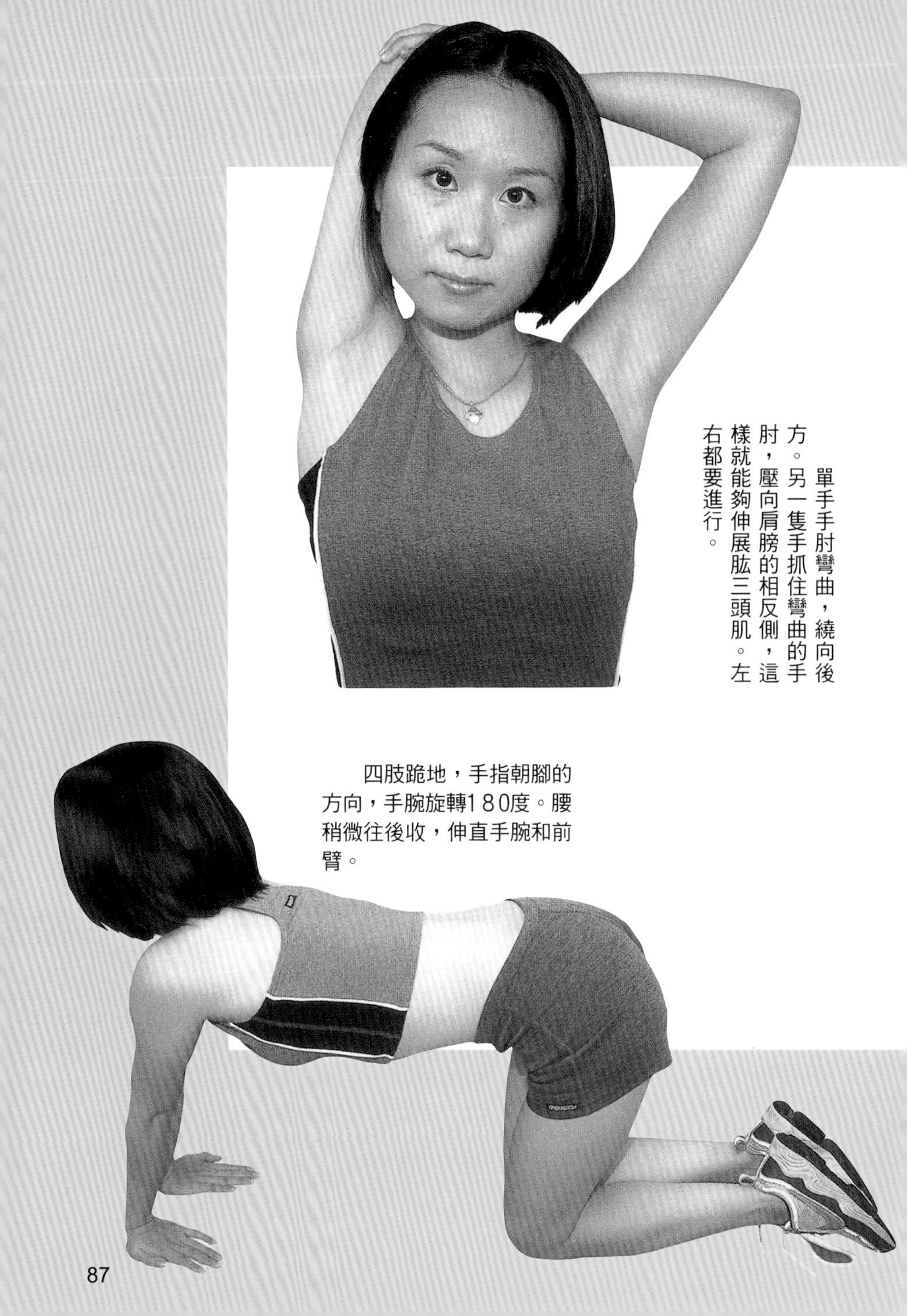

單手手肘彎曲，繞向後方。另一隻手抓住彎曲的手肘，壓向肩膀的相反側，這樣就能夠伸展肱三頭肌。左右都要進行。

四肢跪地，手指朝腳的方向，手腕旋轉180度。腰稍微往後收，伸直手腕和前臂。

手腕

進行啞鈴運動前要仔細的做伸展運動

就算手腕不運動，平時也有很多活動手腕的機會，所以很多人都怠忽鍛鍊。然而，進行啞鈴、槓鈴或投接球等訓練時，過度使用手腕，容易造成傷害。爲了防範受傷於未然，要好好的旋轉手腕。

雙臂朝前方伸直，以肩膀為支撐點，朝內外扭轉。

手掌朝下，手臂往前伸出，另一隻手好像要將手指往上拉似的，將手指拉向面前，藉此能夠伸展手腕和前臂的屈肌。左右都要進行。

手指朝上，手臂往前伸出，另一隻手好像要將手指往下拉似的，將手指拉向面前，藉此能夠伸展手腕和前臂的伸肌。左右都要進行。

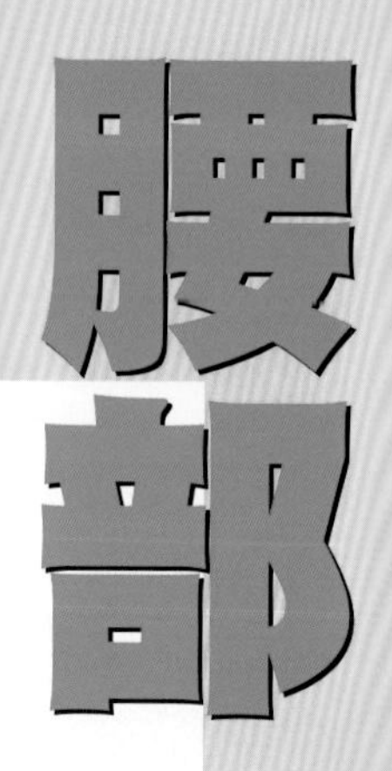

腰部

在不勉強的情況下好好的伸展腰！

腰部運動非常重要。一旦腰受損，就無法輕鬆的做任何運動，而且會影響身體的平衡。尤其有腰痛毛病的人更不可勉強。運動前一定要仔細的進行腰部伸展運動。

提起上身坐下。單膝彎曲，在另一隻腳上交叉。從這個狀態開始，上身朝伸直的腳扭轉，伸展腹斜肌和腰背部。

仰躺，雙腳併攏往後抬，腳尖靠向頭後方的地面。不可突然利用反彈力，要仔細的伸展腰背部。

四肢跪地，腰往後退。雙手往前伸出，腋下盡量貼向地面。可以同時伸展肩膀周圍、胸部和頸部。

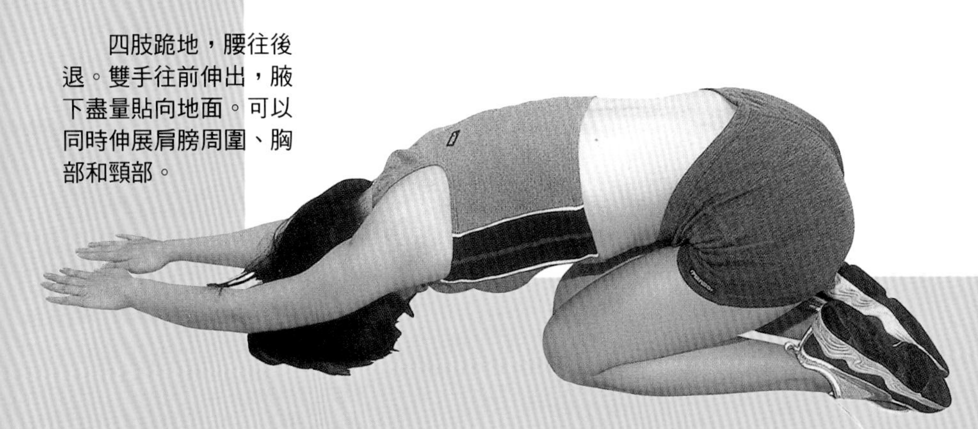

腳部（腳踝）

做暖身運動之前要做伸展運動！

跑步是所有運動的基礎。依慢跑或短跑等目的的不同，使用的肌肉也有不同。不過，在運動前，所有的部位都要進行伸展。

有些人誤以爲慢跑也是一種暖身運動。事實上，爲確保安全，就算是以緩慢的速度跑步，事前也必須要做暖身運動。

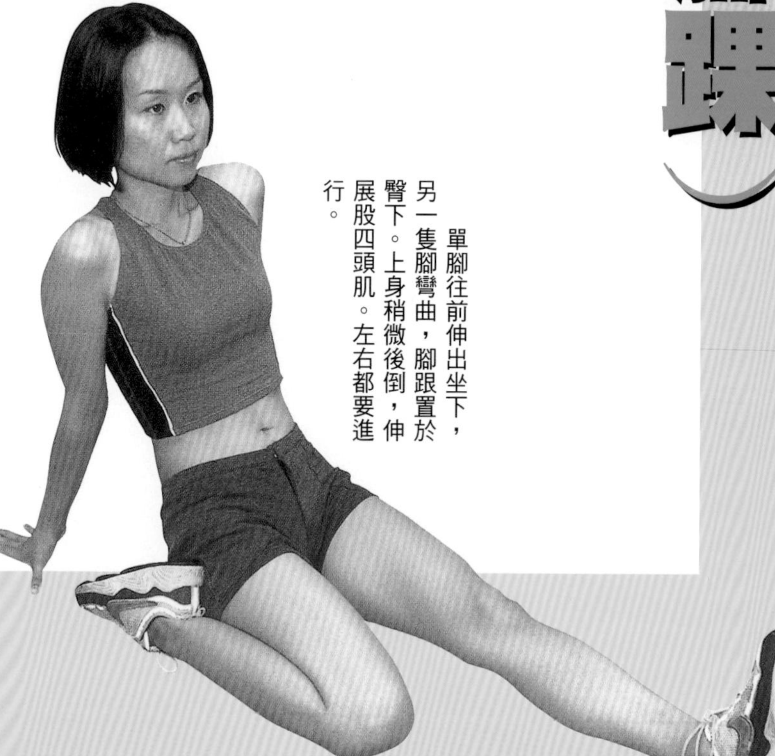

單腳往前伸出坐下，另一隻腳彎曲，腳跟置於臀下。上身稍微後倒，伸展股四頭肌。左右都要進行。

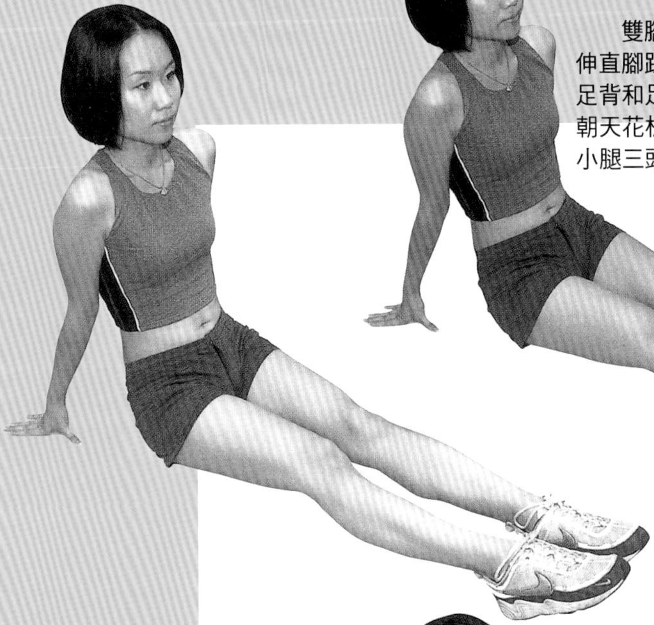

雙腳往前伸出坐下。伸直腳趾，可以同時伸展足背和足脛。接著，腳趾朝天花板豎立，可以伸展小腿三頭肌（小腿肚）。

伸直膝，豎立腳尖，以腳跟為支點，腳踝朝內外繞，可以伸展腳關節周圍。

腿部（大腿、小腿肚）

均衡的伸展
腿部內外側的肌肉！

運動時的跳躍、突然中止或是朝終點衝刺，可能會損傷大腿、股關節和股二頭肌，所以，要仔細的伸展這些肌肉或關節。尤其股四頭肌或股二頭肌，相當於大腿內外側的肌肉，兩者都必須要均衡的伸展。

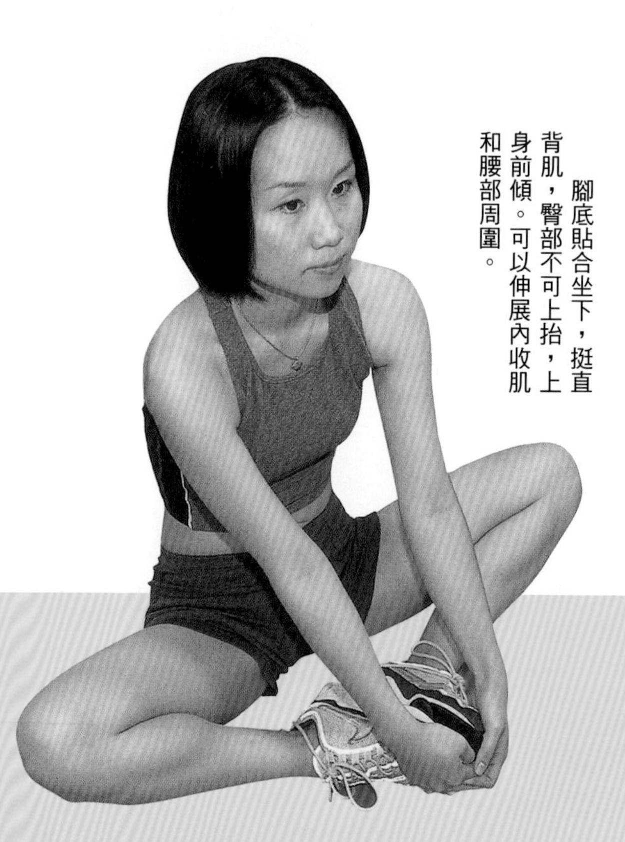

腳底貼合坐下，挺直背肌，臀部不可上抬，上身前傾。可以伸展內收肌和腰部周圍。

單腳往前伸出坐下，彎曲另一隻腳，腳底貼於膝內側，用相反側的手按壓伸直腳的腳趾，上身前倒。可以伸展伸直腳的股二頭肌和小腿三頭肌。左右都要進行。

仰躺，雙手抱住單腳的膝，拉向胸前。可以伸展股二頭肌。伸直的腳不可上抬，腳趾盡量靠向臉。可以伸展小腿三頭肌。

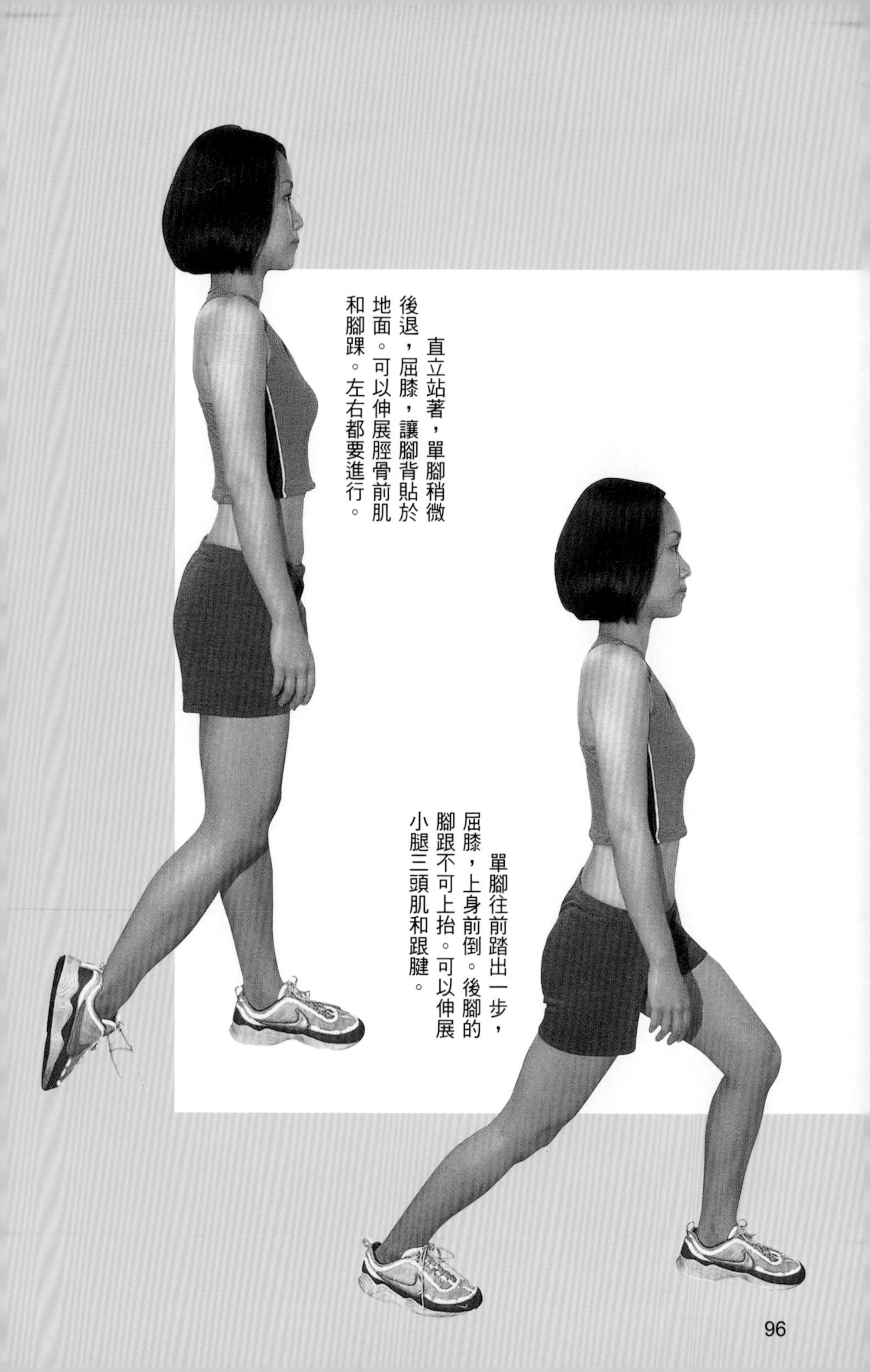
直立站著，單腳稍微後退，屈膝，讓腳背貼於地面。可以伸展脛骨前肌和腳踝。左右都要進行。
單腳往前踏出一步，屈膝，上身前倒。後腳的腳跟不可上抬。可以伸展小腿三頭肌和跟腱。

Part.2

聰明的雕塑身材基本知識

Part.2
1

錯誤的減肥法

減肥問題Q&A

電視、雜誌、書籍或網路上，減肥資訊氾濫。相信你也應該嘗試過其中幾種但卻無效的方法吧？以下就來檢證一些常見的減肥法的效果。

Q1 喝烏龍茶可以減肥嗎？

A 料理較油膩的中國較少看到肥胖者，聽說是喝烏龍茶的緣故。烏龍茶＝減肥茶的觀念深植人心。烏龍茶中含有「咖啡因」和「多酚」等成分，能夠增加促進脂肪燃燒的荷爾蒙「腎上腺素」的分泌量和體內濃度，也可以提高基礎代謝所需要的熱量，所以可以用來減少體脂肪。此外，根據最近的研究發現，烏龍茶具有活化自律神經的作用，可以抑制緊張、憤怒、疲勞等壓力。換言之，能夠緩和減肥時限制飲食所產生的焦躁情緒。當然，並不是說光喝烏龍茶就有效。如果不能夠補充適度的營養、充分做運動，則身體機能就會失調，要注意。

「斷食減肥」有效嗎？

A 想變瘦就不要吃，這是非常簡單的道理。絕食最大的優點，就是能讓經常進行消化吸收的腸胃休息。只要腸胃休息，則必須要運送出大量血液的心臟或神經也可以休息。

另一方面，排泄器官旺盛的發揮作用，就能夠將血管內的老廢物排出體外，促使自癒力復甦。但即使如此，也不可任意絕食。在不進食的狀況下照常工作、做家事，可能會導致貧血及荷爾蒙平衡失調，使得身體狀況變差。嚴重時，甚至會引發厭食症。雖然可以暫時減輕體重，但是等到絕食期間一過，就會出現復胖現象。因此，一定要在專家的指導下才可以進行絕食減肥。斷食只能當成減肥課程的一部分，並非全部。

Q3 腹肌運動能使腹部變得緊實嗎？

A 最常見的減肥運動之一就是腹肌運動。以鍛鍊腹肌為主的運動器材相當普遍。然而，腹肌運動的主要效果是強化腹肌的肌肉纖維，亦即光做腹肌運動無法消除附著於腹部周圍的皮下脂肪。脂肪不能透過訓練而直接變成肌肉。要解決腹部突出的問題，使腹部變得緊實，就必須要進行走路或游泳等有氧運動，才能燃燒掉全身多餘的體脂肪。

此外，要控制攝取的熱量，積極補充富含食物纖維的食物。內臟周圍附著脂肪的人，是屬於「內臟脂肪型肥胖」。這時，改善飲食相當重要。若是再搭配進行腹肌運動，那麼，男性的腹部多半能夠變得均勻而緊實。

速食是減肥的大敵嗎？

A 一般人都認為以漢堡為代表的速食品會妨礙減肥。脂肪含量高，例如，奶昔或果汁等會導致糖分攝取過多，飲食過量。光吃速食的確並不好，但是在減肥期間，適度攝取脂質和糖分是必要的。不必刻意自己做菜，重點在於要限制整體的熱量，攝取均衡的營養。不過，若是勉強自己拒吃速食品而導致壓力堆積，則會造成反效果。

最近，很多餐飲店的菜單上都標明各種料理的熱量。加一道生菜沙拉、減少攝取以油炸物當材料的三明治、飲用沒有熱量的茶等，只要下點工夫，就能輕鬆的做好自我管理。

Q5 蘋果、生雞蛋、海藻……單品減肥是否有害健康呢？

A 事實上，每天持續攝取同樣食物的單品減肥有害健康。雖然可以暫時減輕體重，但是，無法持之以恆，很快就會恢復原狀。此外，身體缺乏各種營養，很自然的就會需求這方面的營養，結果容易出現復胖的現象。不能夠充分攝取必要的營養素，雖然體脂肪減少，但其他的器官卻會受損，導致身體狀況變差。因此，過度攝取某種營養素，則即使可以變瘦，也會造成疾病體質。例如，臉色蒼白、肌膚缺乏光澤、容易倦怠等。

那麼，攝取含有一天所需營養素的營養輔助食品，難道就沒有問題了嗎？其實不然，這些食品只具有「輔助」的作用，不僅無法得到飽足感，而且容易引起焦躁、壓力堆積的問題。

三溫暖有助於燃燒體脂肪嗎？

A　拳擊手在參賽前經常會為了減肥而洗三溫暖。洗三溫暖可以促使大量出汗，排出體內的水分，減輕體重。

人體約六成是水分，排汗確實是快速的減肥法。然而，我們想減少的是「脂肪」而非「水分」。洗三溫暖會因為流汗而消耗掉熱量，但是，體脂肪並不會跟著減少。而且洗完三溫暖後若沒有補充水分，會對身體造成不良的影響。拳擊手們在洗完三溫暖後會立刻補充水分或營養。洗三溫暖能夠使基礎代謝順暢，身心得到放鬆。雖然可以加入減肥訓練的項目中，但其本身卻不具減少體脂肪的作用。

Q7

容易發胖的體質和遺傳有很密切的關係嗎？

A 就容貌和性格來說，親子之間確實有相似之處。在遺傳學上，這是有根據的。據最近的研究顯示，在基因階段就已經決定脂肪細胞的量了。不過，脂肪細胞潛在數與肥胖是截然不同的問題。並非說父母胖自己就是容易發胖的體質。

事實上，在成長的過程中，受到生活環境的影響更大。孩提時代父母給予大量高熱量的飲食和甜食所形成的體質，也不一定終生都不會改變。遺傳或幼時的環境，往往容易成為減肥時改善飲食或中途放棄訓練的藉口。換言之，這是本人意志力薄弱所造成的 。

Q8 抽菸的人會變瘦嗎？

A　「抽菸的人多半是瘦子」、「一旦戒菸後就發胖」，談到減肥的話題時，經常有人這麼說。其實有很多抽菸的人是胖子。為了減肥而開始抽菸，這是毫無意義的做法。雖然在嘴巴想吃東西或產生食慾時抽根菸，可以暫時打消飲食的念頭，但是，這種做法並不適合每個人。尤其會損傷肺等器官，不是正常的減肥法。

此外，戒菸後會發胖，是因為嘴巴想吃東西，而且胃的狀況變好，食量增加的緣故。換言之，菸對體脂肪的增減沒有直接的影響。菸的害處在此不再贅述，但可以確認的是，它和減肥無關。

進行肌力訓練是否會養成壯碩的身材呢？

A 許多女性認為進行肌力訓練後，脂肪變成肌肉，會形成壯碩的身材。進行肌力訓練，肌肉確實會壯碩肥大，但是要到達這個地步，必須持續訓練一段時間，同時維持一定的訓練量。

此外，脂肪本身不會直接變成肌肉。建議各位將肌力訓練納入減肥過程中，理由有二。首先，大部分的女性缺乏肌力，在運動不足的狀態下，間接助長了容易發胖的體質。其次，周圍的肌肉可以使脂肪變得緊實，就像具有調整型內衣褲的作用一樣，能夠強化肌肉。為了減少體脂肪，有氧運動和改善飲食是不可或缺的。再加上肌力訓練，均衡的分配三種方法，就可以成功的塑身。

Q10 爲什麼攝取無油餐能夠瘦下來？

A 為了減肥而改善飲食，限制並抑制攝取熱量非常重要。油是高熱量食品，減肥時，必須控制攝取量。不過，對身體而言，油脂是不可或缺的食品。在胃內停留的時間長，具有耐餓的優點，自然可以少吃零食或點心 。

另外，油能夠促進β-胡蘿蔔素等維他命類的吸收，使肌膚產生光澤，防止便秘。然而，外食容易攝取過多的油，所以，原則上減肥菜單採用無油的主菜、烤菜或燙青菜等。每天最多只能吃1～2道用油烹調的菜。調理油的使用標準一天為1～2大匙。重點是晚餐盡量少吃油 ，而且要使用低熱量的油。

Q11

胖而結實的人可以喝醋嗎？

A 胖而結實是指脂肪和肌肉較硬的人。有的人認為喝醋能夠使得身體的脂肪細胞或肌肉纖維變得柔軟。事實上，雖然會變得柔軟，但是，體脂肪本身不會減少，還是必須藉著訓練或改善整體飲食等方法才能有效的減肥。

醋，尤其是黑醋所含的成分，確實有助於減肥。黑醋中含有豐富的氨基酸，能夠抑制脂肪細胞合成脂肪。這是根據最新的研究所得知的事實。此外，還可以改善肥胖的根源高血脂症（膽固醇、中性脂肪）和高血糖，使血液清爽，防止動脈硬化，讓身體得到健康。雖然很多人討厭醋，但最好還是在料理中添加適量的黑醋。

晚上11點之後嚴禁進食嗎？

A 晚上吃東西容易肥胖，這是眾所周知的減肥知識之一。時間愈晚，體內胰島素量增加，葡萄糖量也會增加，結果攝取的食物會成為熱量蓄積在體內。換言之，晚上是容易製造出脂肪的時期。

最理想的做法是，7點吃晚餐，10點就寢，而且每天在固定的時間帶吃三餐。如此一來，就能建立起體內的熱量代謝循環，形成不易發胖的體質。晚上用完餐，要過2～3小時後再睡覺。吃完晚餐立刻刷牙，自然就不會想吃點心或宵夜。俗話說「吃完東西立刻睡覺會變成牛」，其實不是真的會變成牛，而是會擁有像牛一樣肥胖的身材。

暴飲暴食會導致肥胖嗎？

A 暴飲暴食確實是肥胖的原因之一。因為胃囊擴張，所以，必須攝取大量的食物才能產生飽足感。一旦拉長用餐時間的間隔，則人體會吸收過多的熱量，這樣脂肪反而容易附著於體內 。

即使一天的總攝取量相同，但吃兩餐反而比吃三餐更容易發胖。像大力士們為了增加體重，一天只吃兩餐，而且吃完之後會立刻睡覺。吃得太快，其最大的缺點就是食物沒有經過充分的咀嚼就吞嚥，用餐時所消耗的熱量很低，而且無法得到飽足感，形成攝取過量的狀態。限制每餐的熱量和注意營養的均衡是成功減肥的大原則。

Q14 消除便秘是減肥成功的關鍵嗎？

A 便秘會降低身體的功能，使代謝不良，是減肥的大敵。基本上，減肥的方法是燃燒體脂肪，但是消除便秘，使身體的功能旺盛，也有助於燃燒體脂肪。

雖然可以利用藥物解決便秘的問題，但不可依賴藥物，最好嘗試其他的方法。建議早上起床時先喝一杯冰水或冰牛奶，即使沒有便意，也要坐在馬桶上。避免油的攝取不足，每天至少要攝取2～3大匙的油。此外，要積極攝取富含食物纖維的食品，例如蔬菜、水果、藷類、海藻類、蕈類和豆類等。

許多女性都有便秘傾向，想要減肥，除了改善飲食之外，還要消除便秘的問題。另外，運動不足也會引起便秘，因此，最好多做腹肌運動等活動胃腸周圍肌肉的訓練。

Q15 麻辣料理適合當成減肥料理嗎？

A 一些添加大量香辛料的料理深受女性的喜愛。攝取辣的食物，會使體溫上升，容易出汗，同時會使身體的代謝順暢。此外，辣椒所含的辣的成分辣椒辣素能夠促進脂肪燃燒。因此 ，麻辣料理被視為減肥料理。

然而，辣椒具有使胃的功能旺盛，增加食慾的作用，所以，就算有助於脂肪燃燒，也可能會造成飲食過量。飲食過量容易損傷胃，必須注意。有痔瘡的人要避免攝取辣的料理。最好只將辣味料理當成減肥食譜中的一道菜。

Part.2
2

正確鍛鍊身體的肌肉入門講座

掌握身體的構造與肌肉的特性
創造理想的身材!!

人體的構造十分神奇。肌肉的各零件都有其作用，亦即每個細胞都具有重要的意義。你對肌肉到底了解多少呢？一無所知的人，就好像在茫然無知的狀態下做訓練一樣，最後只會徒勞無功。對於肌肉要擁有正確的知識。在此介紹經由訓練而能夠有效減少體脂肪的肌肉入門講座。

身體藉著肌肉收縮而活動了解肌肉的構造

「肌肉」很難用一句話就解釋清楚。就像哺乳類等，幾乎所有的動物都有肌肉，而且藉著收縮肌肉進行運動。

人類也不例外，利用肌肉細胞反覆收縮來活動身體。

肌肉又分為隨意肌和不隨意肌兩種。手、腳、口等能夠自由控制的是隨意肌。心臟、內臟、瞳孔等與意志無關而活動，是屬於不隨意肌。在此只針對「可以鍛鍊」的隨意肌加以說明。

人類和海豚、昆蟲具有相同組織的隨意肌構造，能夠了解這個部分，就可以了解肌肉的構造了。

隨意肌有橫紋的肌纖維稱為橫紋肌，而附著於身體的骨骼、能夠使骨骼活動的則是骨骼肌。

除了水分、牙齒、指甲、骨骼

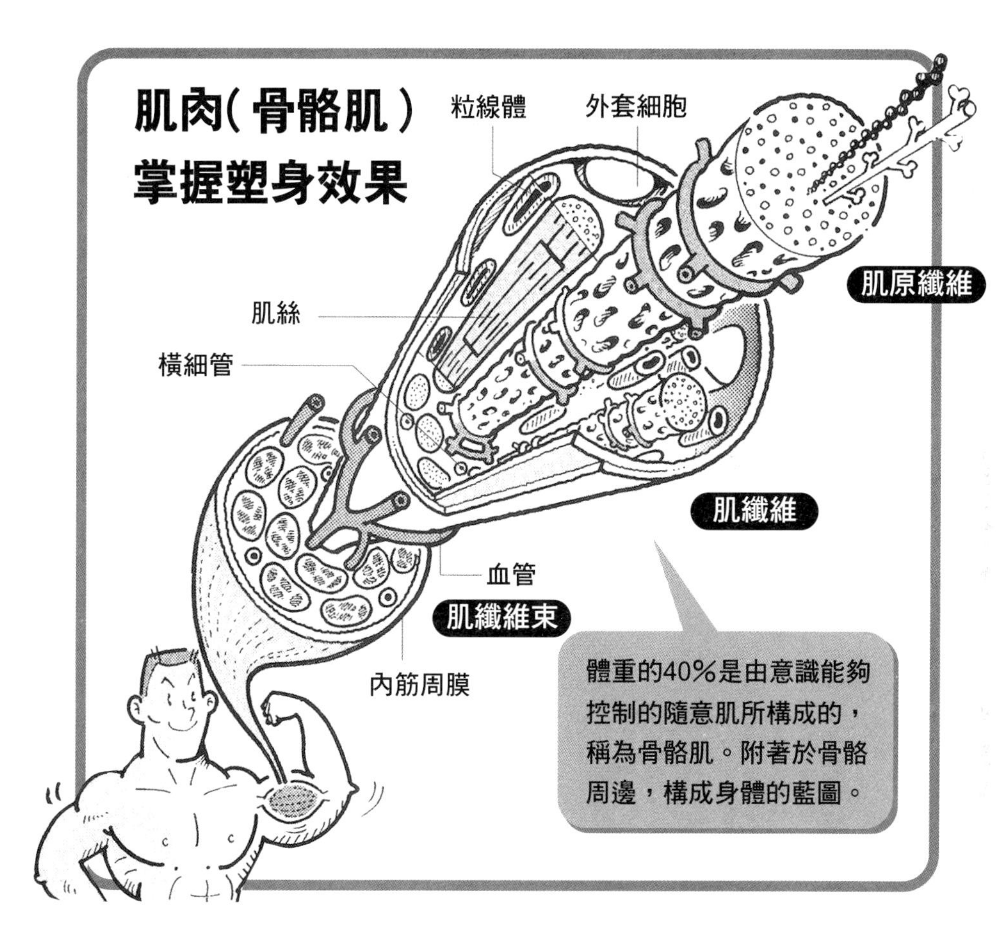

等的鈣質之外，人體全都是由蛋白質構成的。骨骼肌就是由蛋白質的肌細胞這種細長的肌纖維所構成。放大觀察，可以發現是由幾條肌纖維連接而成肌纖維束。

事實上，每一個都是肌原纖維，兩種蛋白質的纖維相鄰排列，一邊收縮一邊活動。我們在活動身體時，通常不會意識到肌肉的收縮，但這時肌肉確實精巧的反覆收縮著。

肌肉為什麼會收縮呢？事實上肌纖維是由各自排列不同的肌原纖維所構成的，與運動神經相連。當腦下達「活動！」的指令時，運動神經傳遞過來的指令，就會使兩種蛋白質產生化學變化。

結果，肌原纖維束的肌纖維會縮短變粗，而骨骼藉著關節被拉扯而活動身體。這就是肌肉收縮的系統。關於這一點，後面會再詳細探討。

肌肉吃什麼？

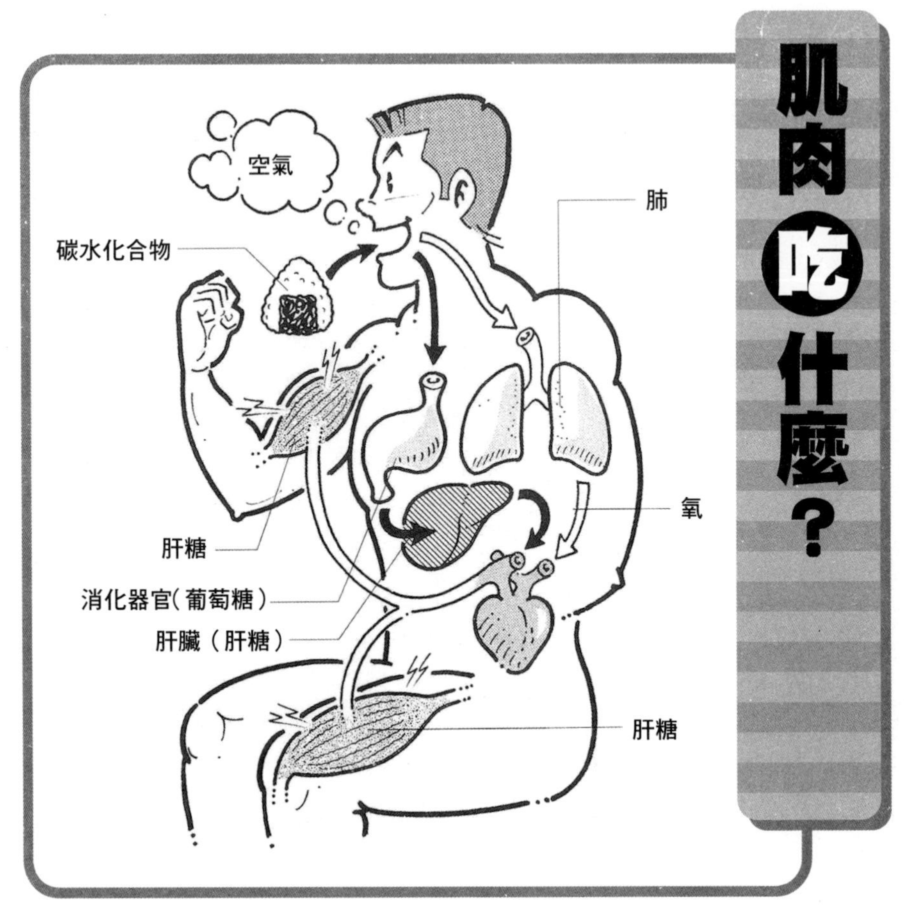

【檢查各肌肉零件了解其作用】

如果用車子來比喻身體，則肌肉就相當於引擎，而其燃料就是葡萄糖。日常飲食中的碳水化合物會被消化、分解為葡萄糖，由小腸吸收，溶於血中，再運送到肝臟。

葡萄糖在肝臟變成肝糖，儲存於肝臟內或送入血液中。事實上，身體的肌肉也會儲存肝糖。

活動肌肉的燃料葡萄糖送入肌肉，與由肺吸收大氣的氧產生反應，分解成水和二氧化碳，這時所產生的熱量就能促使肌肉活動。

肌肉中的肝糖減少時，儲存於肝臟的肝糖就會慢慢的供應肌肉。肝臟中儲存的肝糖為其重量的五％。

肌肉中則儲存相當於其重量一％的肝糖。國人的肝臟重量平均為一二〇〇公克，肝糖為六十公克。

檢查身體各零件！

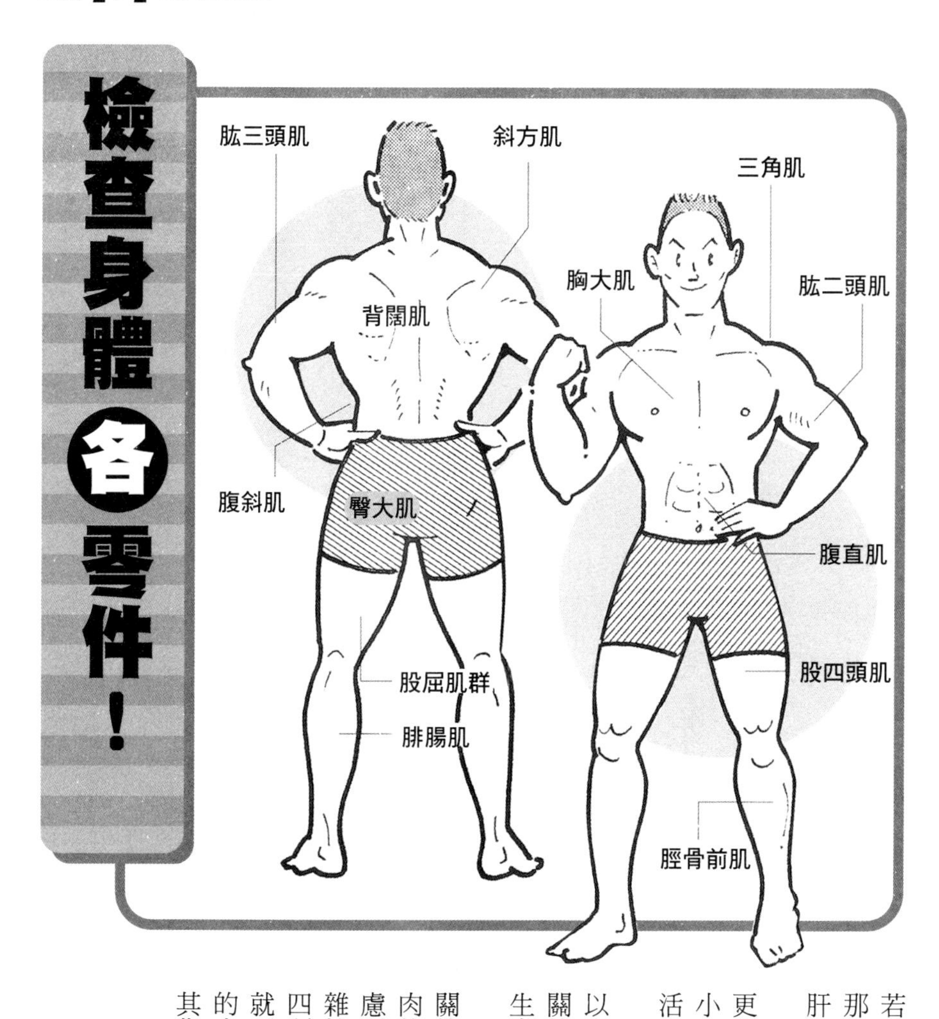

若體重六十公斤，一半為骨骼肌，那麼其一%，亦即三百公克會成為肝糖。

那麼，是否小肌肉會比大肌肉更容易疲勞呢？實際上並非如此。小肌肉的活動範圍較小，大肌肉的活動範圍較大。

人體有二〇六塊骨骼和四百條以上的肌肉。形狀各有不同，藉著關節緊密結合，人體在運動時會產生合理的動作。

以肱二頭肌為例，能夠彎曲肘關節，也可以將前臂往上抬。在肌肉的前端會一分為二，就是因為考慮到加諸於肌肉的力量及活動的複雜性所致。如此看來，以大腿的股四頭肌為例，從「四」這個數字，就可以約略估計該部位所承受力量的大小。由各肌肉的名稱即可知道其作用。

骨骼肌掌握塑身的關鍵

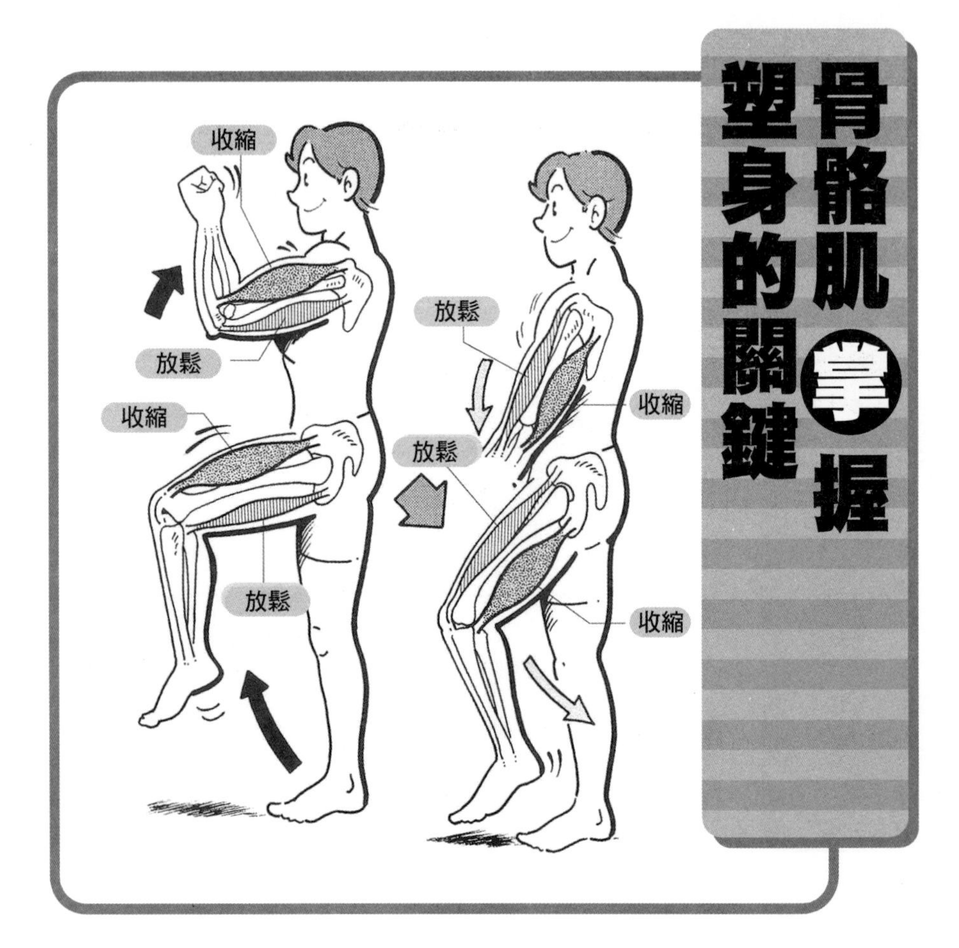

骨骼肌表裡一體（藉著收縮與放鬆活動身體）

男性要擁有壯碩的身材，女性要擁有苗條的身段，其重點就在於骨骼肌。骨骼肌是骨表裡一體的肌肉。例如，肱表側的肱二頭肌、內側的肱三頭肌就是表裡一體的肌肉。

拉回前臂時，肱二頭肌收縮，而肱三頭肌則會放鬆。反之，只要肱三頭肌不放鬆，則肱二頭肌就無法收縮。

觀察肌肉的收縮，可以意識到人體產生某種程度的速度和角度。然而，放鬆側的肌肉卻無法加以控制。

人體經常感受到速度和角度，而且沒有時差，能夠自動的傳遞訊息。一旦無法辦到這一點，那麼，兩側的肌肉不是同時收縮而導致身體僵硬、動彈不得，就是同時放鬆而隨著重力下垂。

肌肉具有強大的力量

骨骼肌中潛藏著火災時的蠻力

這種情況明顯的發生在肱二頭肌與肱三頭肌、股四頭肌與股二頭肌上。身體並非靠著單一肌肉，而是藉由許多肌肉交互收縮及放鬆來進行運動。

那麼，骨骼肌到底隱藏著多大的力量呢？

切面積一平方公分最大可以抬起十公斤的物品。成人的肱二頭肌平均為二五公分，估計約可抬起二五〇公斤的重物。

舉重選手手臂的肌肉，骨骼和肌腱到底能夠發揮多大的力量，目前不得而知。不過，通常只要使出二十%的力量即可。

事實上，肌肉和骨頭及其連接的部分肌腱，還有決定運動能量方向的關節都可以出力。

肌肉的性質有紅、白之分

傑出的跑者，尤其是短跑或跳高等需要爆發力的運動選手，其肌肉中六成以上是白肌纖維 。

馬拉松選手的紅肌纖維佔八成以上。訓練能夠提高心肺功能，但卻無法改變肌肉的性質

（短跑白肌力量大 長跑紅肌力量大）

構成骨骼肌的肌纖維，可分為速肌纖維和慢肌纖維兩種。這兩種肌肉的肌纖維成分不同。速肌是白色，慢肌是紅色，所以，有白肌纖維和紅肌纖維之稱。

這兩種纖維其性質上的收縮速度和張力都有極大的差異。

白肌纖維適用於無氧運動，像短跑等需要爆發力的運動等。而紅肌纖維則適用於有氧運動，像慢跑等。

白肌纖維與紅肌纖維的均衡度因人而異，各有不同。昔日認為比例是由遺傳決定的，後天不會產生變化。

然而，現在已經知道，活動量增加會變成「慢肌型」，活動量減少則會變成「速肌型」。

適當的休息會使肌肉不斷的增大

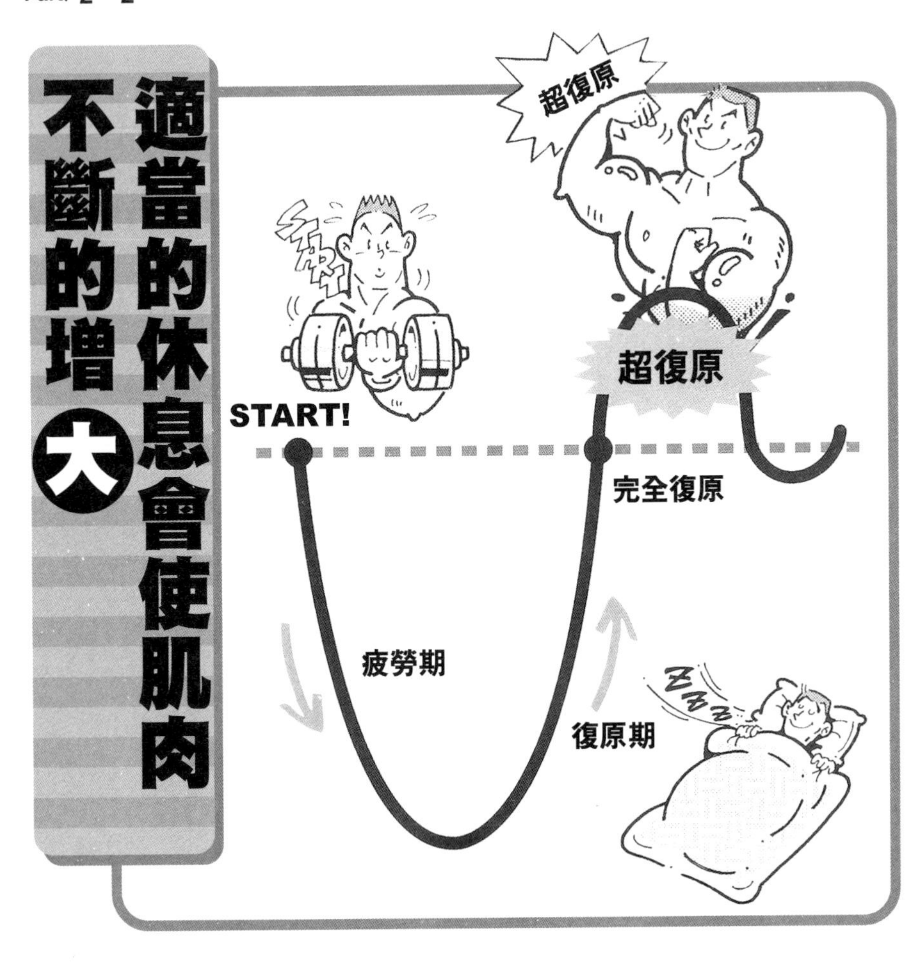

肌肉疼痛時進行訓練容易引起損傷

藉著訓練刺激身體，受到刺激的肌肉需要營養，因此，在肌肉內會進行分解營養的作業。

結果就會產生疲勞。在疲勞的狀態下持續進行訓練，則肌肉無法收縮，容易受損，造成反效果。肌肉疼痛時勉強做運動，有害無益。

因此，結束訓練後要休息。休息時，肌肉能夠使得熱量來源肝糖恢復原先的狀態，同時補充肌原纖維釋出的鈣質。

肌肉具有超復原法則，能夠復原到比訓練前更好的狀態。

頂尖的運動員會擬定緊湊的行程表持續訓練，目的就是要讓身體在比賽當天保持最佳狀態。

依不同的目的改變訓練

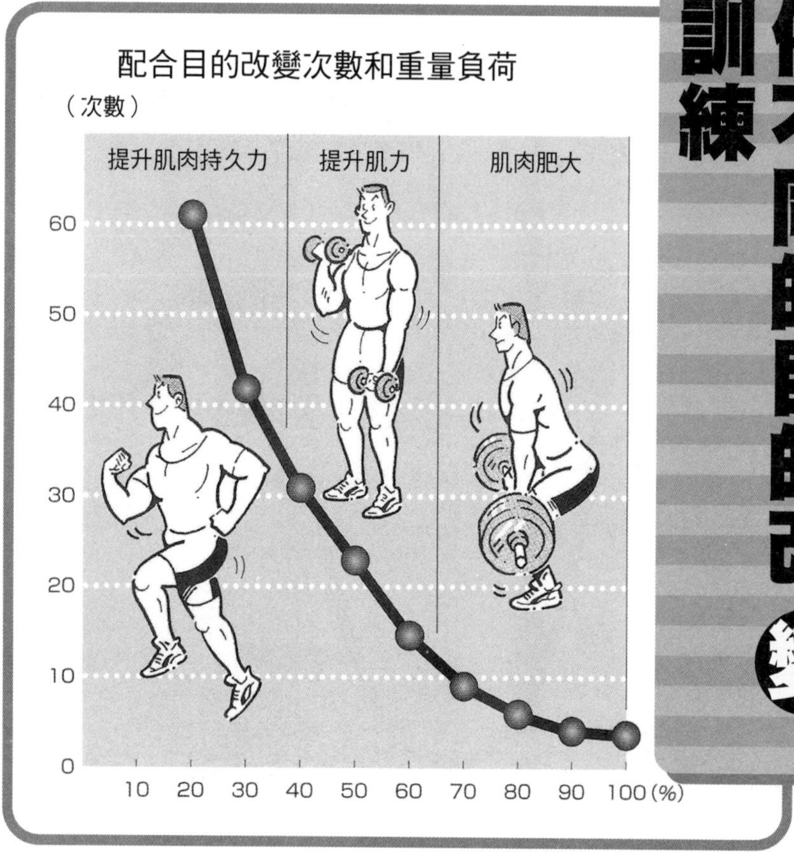

配合目的改變次數和重量負荷

（次數）

提升肌肉持久力　提升肌力　肌肉肥大

60 50 40 30 20 10 0

10 20 30 40 50 60 70 80 90 100（%）

考慮訓練的目的改變重量負荷或次數

增加負荷可以使肌肉變大、變強。尤其啞鈴的重量和次數更是主要重點。而跑步則和速度及距離有關。

進行舉啞鈴或跑步的訓練時，可以依照一定的比例，慢慢的增加次數及負荷。

此外，要配合目的設計訓練的內容。若希望肌肉肥大，則要用最大肌力七十%以上的負荷練習五次。若希望提高肌肉的持久力，則要用最大肌力三十%的負荷反覆做三十～五十次。

如果希望一邊提高肌力一邊減少體脂肪來塑身，那麼就用最大肌力四十～七十%的力量反覆練習一～二十次。這也和提升速度有關。

從較大的肌力開始鍛鍊

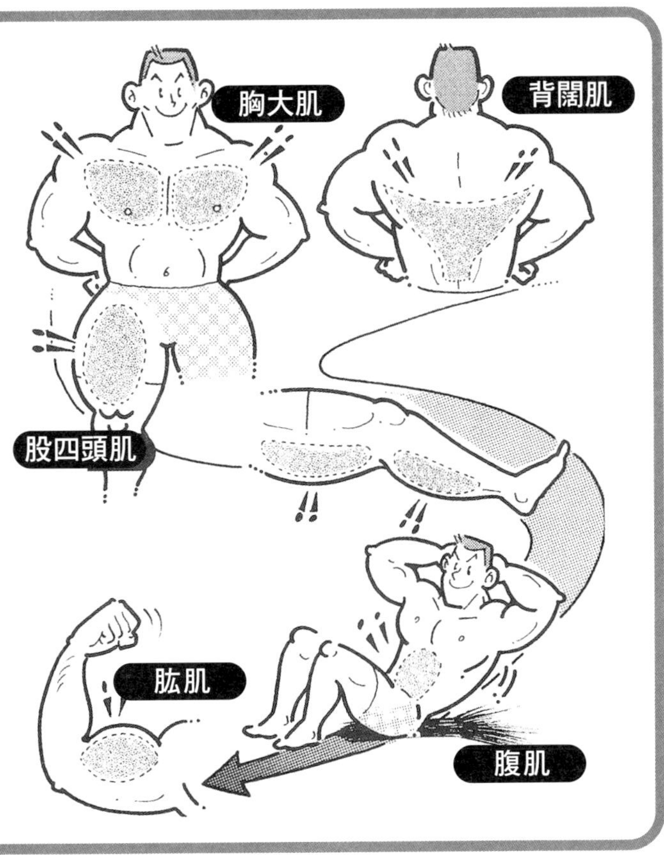

疲勞時姿勢會出錯 影響訓練效率

何種訓練才是最有效的訓練呢？

希望擁有寬闊結實的胸膛和肩膀時，光是進行胸大肌和三角肌的訓練，會使效果減半，而且只鍛鍊同一個部位，容易疲累。一旦疲勞，姿勢會出錯，無法完成預定的負荷和次數。

訓練具有一定的順序，例如，胸大肌這種大型肌肉要比肱二頭肌先進行訓練。因為小肌肉容易積存乳酸，很快就會感覺疲勞。

因此，每次的訓練都要意識到鍛鍊全身。例如，先鍛鍊較大的臀大肌，再鍛鍊沒有產生互動的上半身肌肉，然後是背部，最後是下半身。

女性的肌力是男性的一半

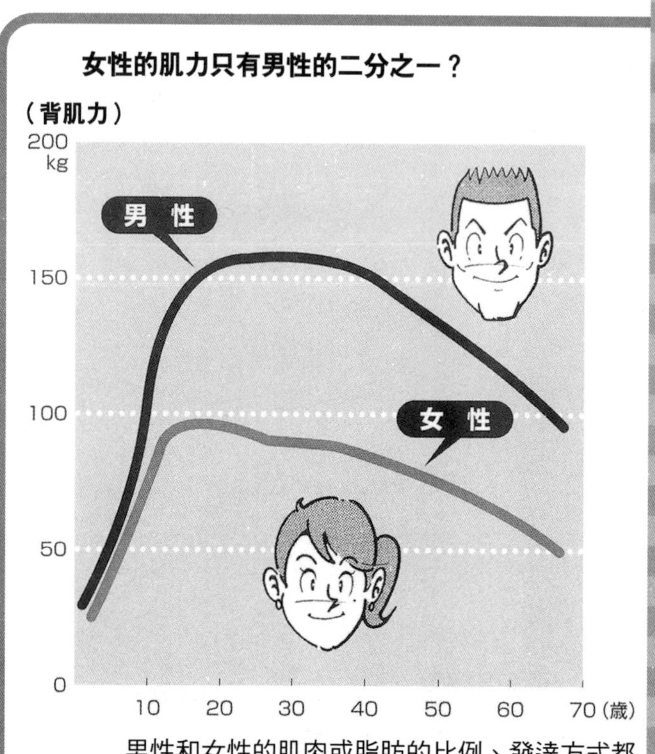

男性和女性的肌肉或脂肪的比例、發達方式都不相同。脂肪較多的女性經由鍛鍊可以獲得緊實效果。

男女肌肉量不同的原因在於男性荷爾蒙嗎？

男性和女性的身體構造、作用有些不同。例如，體內肌肉的比例，女性為男性的八十％，而且脂肪較多。這是因為要維持生產時的體溫，保護身體免於外界刺激的緣故。

因此，肌肉相同的男女，以同樣比例的負荷進行鍛鍊，則女性肌肉肥大的程度為男性的一半。

關於肌肉的形成，男女的差異應該是荷爾蒙的問題。

男女體內的內分泌腺都會分泌荷爾蒙。尤其男性荷爾蒙和肌肉有密切的關係。

攝取到人體內的蛋白質會轉化為氨基酸，隨著血液送達全身。

肌肉接受氨基酸，為肌纖維合成新的蛋白質（同化），同時更換老廢的蛋白質（異化），在進行這

即使運動量相同，男性的肌肉還是比較肥大！

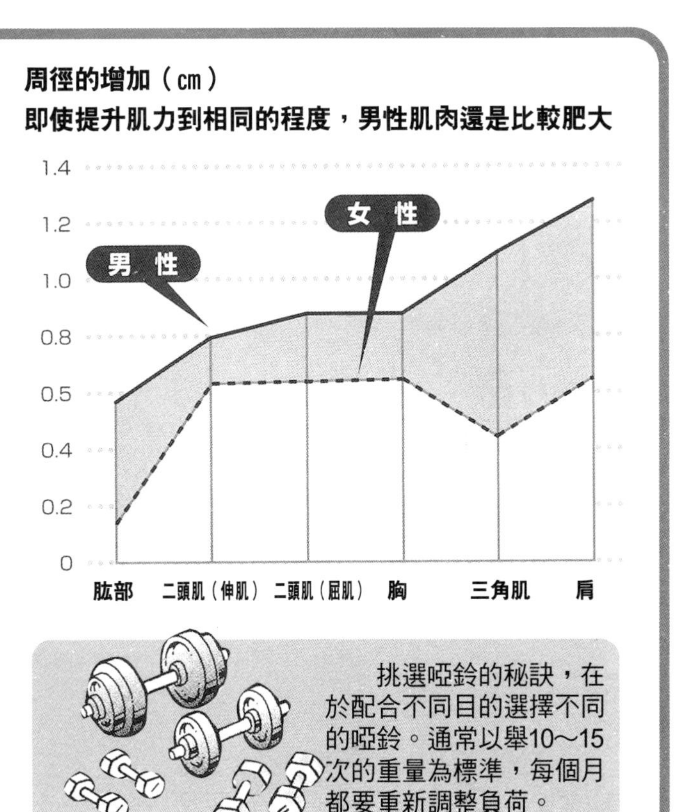

挑選啞鈴的秘訣，在於配合不同目的選擇不同的啞鈴。通常以舉10～15次的重量為標準，每個月都要重新調整負荷。

種交替作業時，男性荷爾蒙較為活躍。

男性荷爾蒙具有將新的蛋白質儲存於肌肉的作用，所以，若是大量分泌男性荷爾蒙，就算是做好肌肉發達的準備。因此，女性和男性肌肉肥大的比例當然不同。

如果人類的壽命是七十歲，那麼，蛋白質分子可以更新一六〇次。除了牙齒和指甲之外，人體幾乎都是蛋白質。隨著成長，體格改變，面相也會改變。

男性荷爾蒙的本體就是睪丸素。在許多種男性荷爾蒙中，睪丸素同化蛋白質的作用最強。

女性所分泌的男性荷爾蒙總量與男性相同，但是，睪丸素的量卻很少，這也是男女肌肉肥大程度不同的原因。

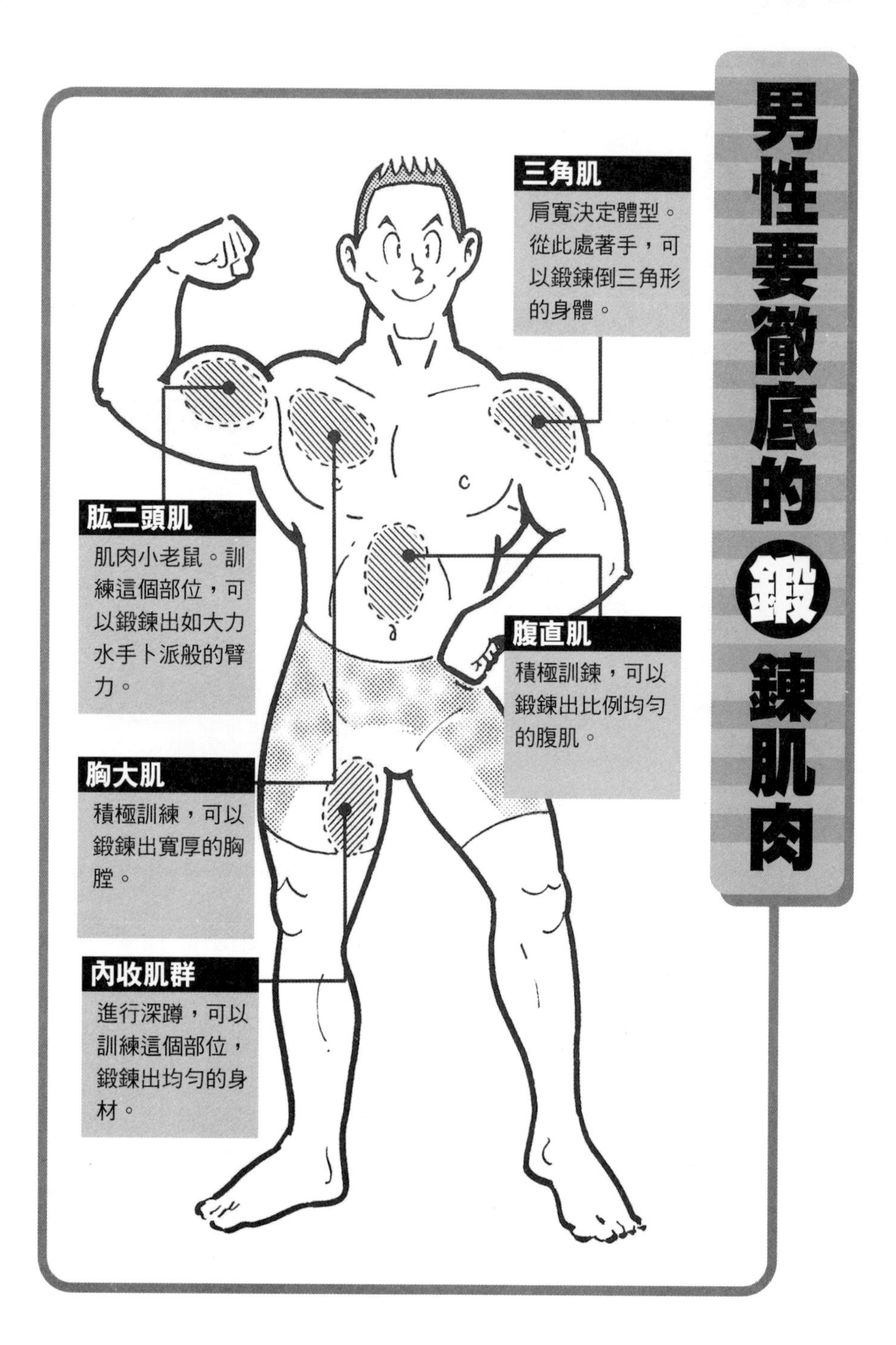
男性要徹底的鍛鍊肌肉
三角肌
肩寬決定體型。從此處著手，可以鍛鍊倒三角形的身體。
肱二頭肌
肌肉小老鼠。訓練這個部位，可以鍛鍊出如大力水手卜派般的臂力。
腹直肌
積極訓鍊，可以鍛鍊出比例均勻的腹肌。
胸大肌
積極訓練，可以鍛鍊出寬厚的胸膛。
內收肌群
進行深蹲，可以訓練這個部位，鍛鍊出均勻的身材。

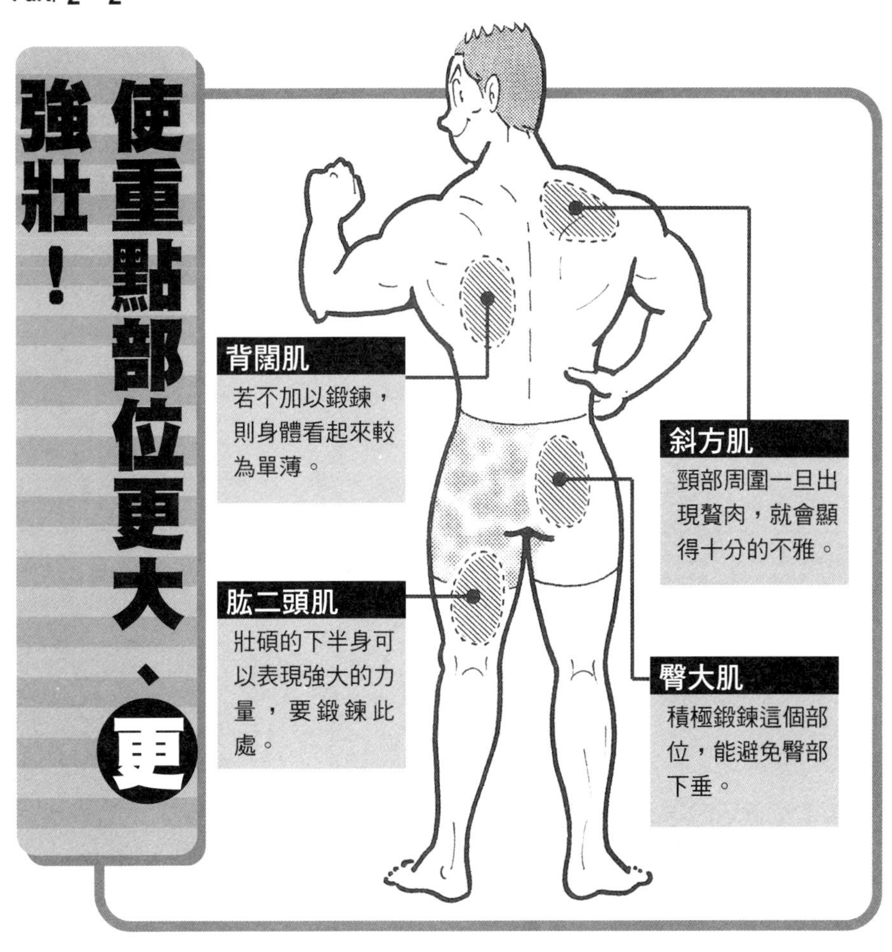

使重點部位更大、更強壯！
背闊肌
若不加以鍛鍊，則身體看起來較為單薄。
斜方肌
頸部周圍一旦出現贅肉，就會顯得十分的不雅。
肱二頭肌
壯碩的下半身可以表現強大的力量，要鍛鍊此處。
臀大肌
積極鍛鍊這個部位，能避免臀部下垂。

男性藉著鍛鍊胸和腹部的肌肉表達自我主張

經過鍛鍊的男性肌肉非常美觀。與附著大量脂肪的身體相比，活動結實的肌肉可以產生好的反應。

男性希望擁有這種身材，就必須利用較大的負荷，盡量讓肌肉隆起。

首先鍛鍊能夠表現男性包容力的胸大肌。這個肌肉和手臂大幅度擺盪及靠攏的動作有關。

胸大肌面積比其他肌肉大，積極鍛鍊，能夠形成寬厚的胸膛。

此外，腹肌也很重要。以較大的負荷進行鍛鍊，就可以消除腹部的脂肪。

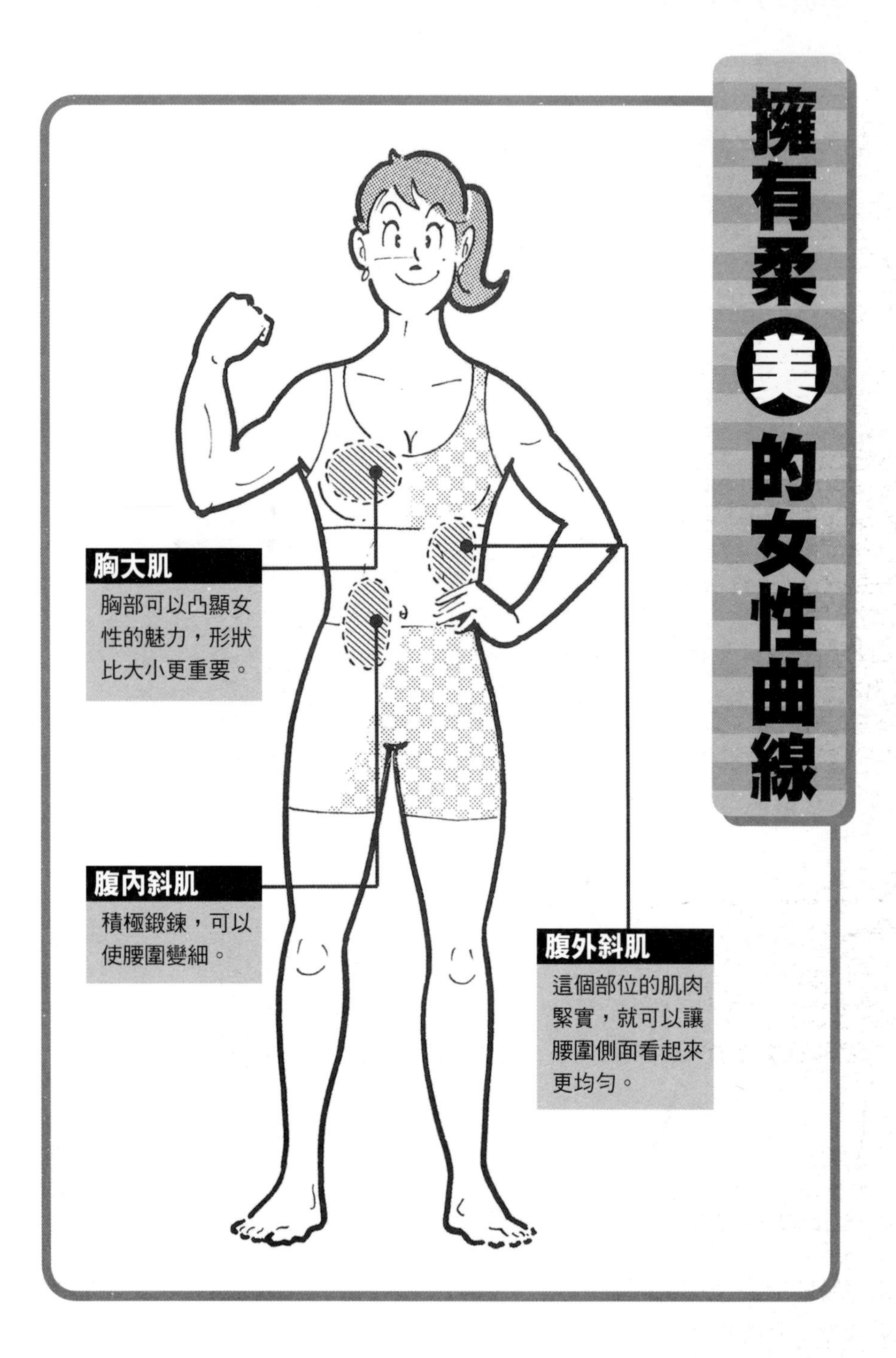
擁有柔美的女性曲線
胸大肌
胸部可以凸顯女性的魅力，形狀比大小更重要。
腹內斜肌
積極鍛鍊，可以使腰圍變細。
腹外斜肌
這個部位的肌肉緊實，就可以讓腰圍側面看起來更均勻。

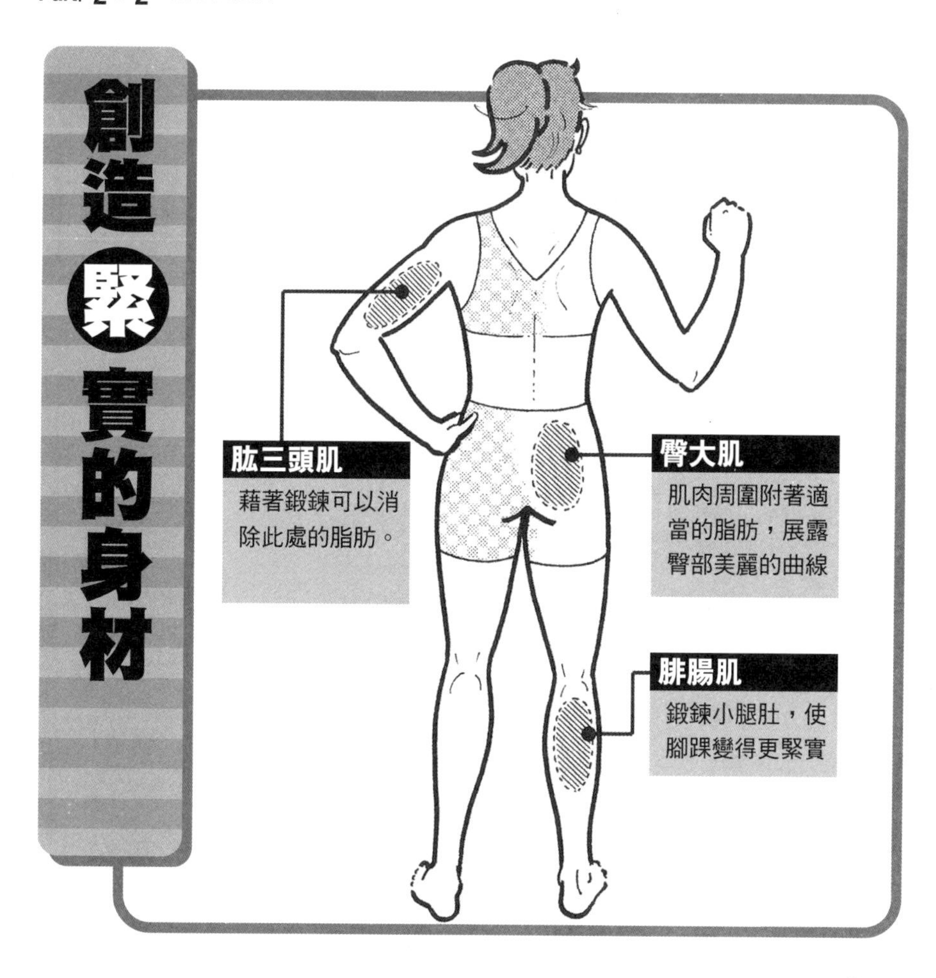

〔女性的塑身重點是創造緊實的身材〕

女性只要好好的鍛鍊，也可以創造出具有美麗曲線的身材。鬆弛的部分變得緊實，單薄的部分則恢復為原本的厚度，這才是擁有圓潤度的好身材。

塑身的重點與男性不同，並非針對某些部位進行隆起訓練，而是緊實訓練。

例如：鍛鍊胸部，培養美好的胸型。鍛鍊腹斜肌，使腰部曲線變得緊實。鍛鍊臀部，使臀大肌附著一些必要的脂肪，變得更圓潤。

因此，首先要找出自己的缺點，配合目的設計訓練課程，才能擁有理想的身材。

Part.2
3

巧妙利用飲食和訓練
達到瘦身目的！

塑身的
飲食學

藉著改善飲食生活，可以提升肌力及達到塑身的效果。不過，光是增減攝取的飲食或熱量是不夠的。限制攝取的量及調整營養的均衡，就像汽車的兩輪，缺一不可。因此，一定要學會塑身的飲食知識 。

飲食習慣 檢查表 CHECK!!

YES		No
	很少吃早餐	
	很晚吃晚餐	
	狼吞虎嚥	
	用餐時間短	
	三餐時間不規律	
	習慣吃十分飽	
	偏食	
	習慣吃點心或宵夜	
	晚餐一定會喝酒	
	喜歡吃油膩的食物	
	吃肉多於吃魚	
	生菜沙拉會拌沙拉醬吃	
	晚餐經常外食	
	每天至少吃 1 次甜食	
	外食用餐分量多	
	身旁常備零食	
	喝酒時很少吃配菜	
	常喝罐裝咖啡或罐裝果汁	
	憂鬱或焦躁時會想吃東西	
	晚餐的量多於早餐和午餐	
	喜歡口味重的食物	
	很少吃蔬菜	

回答「ＹＥＳ」的項目，就是飲食生活需要改善的地方。雖然計算攝取熱量或營養素的內容很重要，但是，首先要掌握飲食生活上的問題點，這才是減少體脂肪的第一步。

控制熱量和擁有均衡的營養

改善暴食、偏食和不規律的飲食習慣

體脂肪會增加，簡單的說，即攝取的熱量多於消耗的熱量時，多餘的熱量會蓄積在體內，形成體脂肪。

因此，要積極的活動身體，提高熱量的消耗量。例如，本書Part 1所介紹的有氧運動可以燃燒脂肪，進行肌力訓練可以增加肌肉，形成熱量消耗較高的體質。

不過，若是攝取的熱量的絕對量超過消耗的熱量時，則即使再怎麼運動，體重和體脂肪也不會減少。

反之，光是減少食量、改善飲食內容而不運動，也無法達到減肥的效果。

無論是減肥或提高肌力，運動和飲食都是不可或缺的重點。

關於改善飲食方面，必須重新評估攝取的熱量。飲食過量不僅會使體脂肪增加，同時對內臟造成極大的負擔，所以，要注意食量和食物的熱量。

但是，人類為了生存及維持健康，有必須攝取的營養素和量。

偏食會導致代謝能力減退，形成不易變瘦的體質。只要巧妙的控制營養量，同時攝取均衡的營養，就能發揮塑身的功效。

由於體質和生活習慣因人而異，所以，沒有絕對可以塑身的標準答案。

參考書只能提供參考，不能當成解答的標準。持之以恆非常重要，三分鐘熱度容易功虧一簣。最好從簡單的方法做起，不要好高騖遠。

「皮下脂肪」與「內臟脂肪」的不同

提到體脂肪，一般人容易聯想到下腹部、雙臂或大腿等部位的贅肉。這些是肉眼看得到的脂肪，另外還有肉眼看不見的脂肪，即「內臟脂肪」。腹部凸出的人仰躺時捏不出贅肉，則表示內臟有脂肪附著。

內臟脂肪並不是指內臟本身脂肪化，而是附著在內臟周圍的脂肪。亦即存在於腹腔內包住內臟或垂吊下來的「漿膜」、「大網」或「 腸系膜」和臟器之間的體脂肪。內臟脂肪增多時，身材當然會走樣，而且血管阻塞 ，消化吸收力減弱，引發疾病。

雖然原因包括年紀大和運動不足，但主要的原因卻是「飽食」。不過，只要改善飲食生活就能夠消除內臟脂肪。

首先，必須盡量減少攝取油炸物、奶油、沙朗牛排等富含脂肪的食品，降低 1 天攝取的熱量。建議攝取少量多盤的日式套餐。

CT電腦斷層掃描出來的腹部斷層照片（下側為背部）

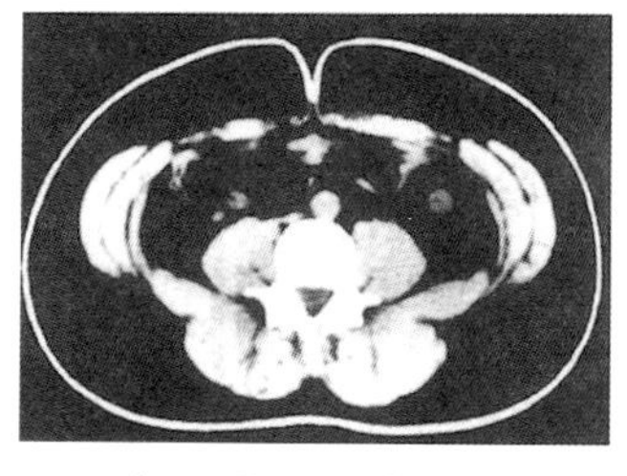

皮下脂肪型肥胖

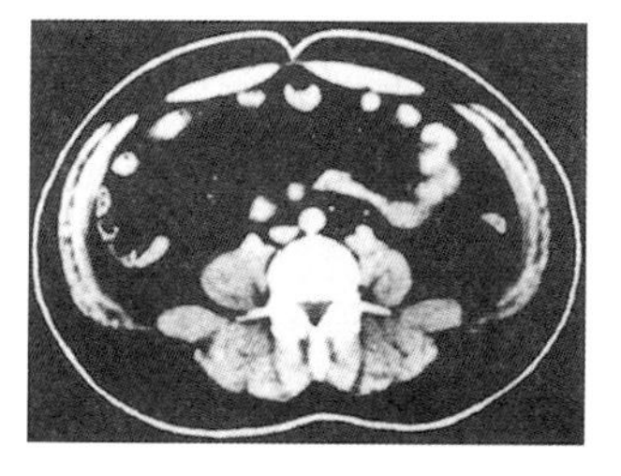

內臟脂肪型肥胖

白色部分是臟器、骨和皮膚，黑色部分是脂肪。右側的「內臟脂肪型」可以看到腹腔內附著大量的脂肪。

調整熱量的秘訣

減少體體肪的七個重點

熱量篇

一 吃「八分飽」
二 少吃點心或零食
三 睡前3小時前吃完晚餐，不吃宵夜
四 延長用餐時間（但不可邊做事邊吃東西）
五 早午晚三餐規律
六 少吃含有砂糖的飲料
七 減少各種酒類的飲用量

從能力所及的範圍開始做起

人類具有維持生命所需的熱量，稱為基礎代謝量。量過低時，會造成各種障礙或引發疾病。

如果不需要減肥，那麼，攝取相當於基礎代謝量加運動量的熱量，這樣就能和消耗的熱量互抵，不容易發胖。

大致的標準是，成年男性為二二〇〇大卡，女性為一八〇〇大卡。計算公式為〔體重（kg）×2．2〕×10＋〔體重×2．2〕＋一日消耗的熱量。一日消耗的熱量因工作、做家事或運動的比例不同而有不同。

檢視自己的生活方式，計算出食量、飲食內容和運動量。不必太精準，只要推測大致的熱量收支情況即可。

如果想要減少體脂肪或體重，則只須控制攝取量即可。減肥最好控制在一個月瘦一～二公斤，最多三公斤。超出這個範圍，不僅會危害健康，甚至引起復胖。

減肥不可能立竿見影，一定要擬定中長期的目標。

燃燒一公克的脂肪需要九大

卡的熱量，燃燒一公斤的脂肪需要九千大卡的熱量。脂肪組織的細胞約二成是水分，扣除其差距，為七二〇〇大卡。

若一個月要減輕二公斤，那麼，一天必須減少五百大卡的攝取熱量。建議以此為標準進行減肥計畫。

有很多方法可以減少攝取的熱量。

基本上，可以參考一四四頁熱量一覽表或是市售的熱量手冊、熱量計，掌握各食品或料理的熱量，藉此控制總食量。

此外，改變飲食方式也能減少熱量的攝取量。利用前頁所介紹的「七個重點」，耐心的持續進行，一定能夠產生效果。

改善菜單的重點及建議

早餐 即使吃得再多，接下來的活動也會消耗掉早餐的熱量。所以就算不吃早餐，對減肥也無濟於事。建議的菜單是烤魚、納豆、味噌湯、燙青菜等搭配飯的日式套餐。

午餐 午餐的熱量會在下午消耗掉，所以，要好好的攝取。午餐和晚餐的間隔時間較長，建議選擇耐餓的料理。先喝溫熱的湯，能夠提早產生飽足感。狼吞虎嚥會使滿腹中樞紊亂，增加食量，要注意。

晚餐 利用晚餐調整要減少攝取的熱量。最初就大幅降低攝取的量，容易半途而廢。建議先從吃「八分飽」開始做起。不吃宵夜。夜晚是攝取的熱量蓄積率提高的時間帶，所以，要避免攝取過多的脂肪。

速食 只要有所節制，減肥時也能吃速食品。只要不吃油炸的漢堡、炸雞塊 ，喝烏龍茶，再加上一道生菜沙拉，就可以控制熱量。

便利商店的便當 現在幾乎所有的便當上都會標示熱量。吃這種便當後還想再追加一碗泡麵，那麼，選擇這種便當反而容易控制熱量。飲料則選擇無熱量的茶。

宴席 宴席等備有酒，因而常常不知不覺中飲食過多。最好在喝完牛乳後再開始用餐，而且盡量避免吃油炸菜或炒的菜

攝取均衡營養的秘訣

減少體脂肪的五個重點

均衡營養篇

一 與其吃西餐不如吃日式食品，與其吃肉不如吃魚

二 1天要攝取30種食品

三 積極攝取食物纖維

四 攝取的熱量中脂質上限為25%

五 避免缺乏鈣質

塑身的第一步是攝取豐富的食材並限制脂質類

為了減少體脂肪，要檢查各食材的營養素，攝取均衡的營養。和限制攝取熱量同樣的，從能力所及的範圍開始做起，過度勉強容易半途而廢，持之以恆才是塑身的關鍵。

最好①攝取多種類的食品②每天攝取的熱量為脂質25%、蛋白質15%、碳水化合物60%。

關於①方面，首先，以一天攝取三十種食品為目標。一般人攝取的種類普遍偏低，其中食物纖維和鈣質是國人容易缺乏的營養素。尤其食物纖維不足會引起便秘，抑制代謝，導致脂肪不易燃燒。

因為忙碌，每天都想藉著簡便食品打發一餐，結果就會減少攝取的食物種類。但為了得到飽足感，因此，就會大量吃種類少的食物，這也是造成體脂肪增加的一大原因。

計算的標準是，任何食品無論一天中吃幾次都算是一項（酒即使有幾種，也都只算一項）。不論是外食或調理食品，在知道的範圍內計算素材的數目，不知道的整體算成一項。調味料方面，只有能夠補充營養、增加熱量者才能夠納入計算，最好以五項為上限（能夠計算的包括鹽、

醬油、美乃滋、醬汁、油脂類、太白粉等粉類、砂糖和味噌等。無法計算的則像料酒、高湯、香辛料等）。

要達到三十項的目標很困難，只要慢慢的增加種類即可。種類增加，就可以防止某種特定的營養素攝取過剩。

其次關於②方面，一半以上的熱量來自於碳水化合物。大部分的人為了減肥而不吃飯，但是，缺乏碳水化合物時，身體反而更容易吸收脂質。飯較耐餓且容易得到飽足感，適合用來減肥。

脂質和鹽分都是國人容易攝取過多的營養素，減少攝取量就可以減輕體重。然而，這些又都是維持健康的必要營養素，所以，絕對不能完全敬而遠之。肉或魚的量，則以減少現用量的二成為標準。花點工夫，利用鐵絲網烤或採取煮的方式，就可以去除多餘的油脂。

改善菜單的重點及建議

早餐 含有很多醣類的碳水化合物是平常的熱量來源，所以一定要吃飯或麵包。此外，蛋富含蛋白質、維他命、鐵等營養素，是不可或缺的食品，同時可以藉著水果或果菜汁補充維他命。

午餐 許多人為了求快，多半會以麵食、蓋飯或單品料理來打發午餐。這時，最好選擇附有沙拉、煮物或涼拌菜等的套餐。食物纖維較耐餓，可以減少點心或零食的攝取量。

晚餐 衡量早餐與午餐的內容，攝取由尚未吃過的食材所做成的料理，盡量達成1天攝取30種食物的目標。夜晚身體容易吸收營養，所以要控制脂質的攝取量。

速食 只吃漢堡容易缺乏食物纖維，附餐最好選擇生菜沙拉或蔬菜濃湯。冷飲含有大量的糖分，盡量避免飲用。

便利商店的便當 炸排骨便當等容易導致脂質攝取過多，最好選擇附有各種配菜的便當並追加1道蔬菜。

宴席 酒的熱量高且幾乎不含營養素。光喝酒不吃菜 ，脂肪容易附著在體內。大量飲酒卻很瘦，表示消化吸收能力較低，並非健康的瘦身法。絕對不可飲用過量，同時要適量攝取蔬菜類的下酒菜。

增強力量的「高蛋白・低脂肪」飲食

增加肌肉的五個飲食重點

一 增加食量，積極運動
二 攝取大量的蛋白質
三 少吃肥肉
四 訓練前後和訓練中途都要補充營養
五 攝取蛋白粉

高蛋白飲食能夠製造強大的肌肉

「配合運動，攝取熱量和蛋白質」，可以減少體脂肪，使肌肉增強。缺乏適度的運動（有氧運動和肌力訓練）及過度的休息和睡眠，容易發胖，要注意。

在正常生活的情況下，成年男性一天需要二二〇〇大卡的熱量。若要鍛鍊肌肉，就必須視情況增加熱量。

如果攝取和平常一樣的熱量，則碳水化合物和其他的蛋白質也會成為活動熱量消耗掉，失去製造肌肉的原料。

這和以燃燒脂肪為目的的減肥不同，為使肌肉增大，就要讓體脂肪附著。在承受壓力或體內熱量不足時，肌肉絕對無法變大，而好不容易附著的肌肉最後也會被分解掉。

因此，要利用體脂肪蓄積熱量，同時只攝取進行肌力訓練時消耗的熱量。

不過，內臟脂肪型肥胖的人，攝取高熱量飲食很危險，所以，要先藉著簡單的運動和低熱量的飲食消除脂肪，然後再更改成提升肌力的飲食。

其次是高蛋白飲食。一般來說，體重一公斤一天要攝取一公克的蛋白質。當然這是指過著普通生活的標準。若要提升肌力，就要增加二〜三倍的攝取量。

然而，富含蛋白質的食品也含有較多的脂肪。雖然要攝取較多的熱量，但是，脂肪比例過高卻會危害健康，要注意。

除了少吃肥肉之外，可以將蛋白粉溶入牛乳中飲用。可以當成三餐的附餐適量飲用。

此外，攝取過多的蛋白質會增加內臟的負擔，要謹慎。

改善菜單的重點及建議

早餐 選擇全麥或黑麥做成的吐司，再加上一片乳酪。若是吃日式早餐，就要加上一顆煮蛋。擔心內臟附著脂肪的人，可以選擇什錦果麥＋牛乳、香蕉、煮蛋和優格，同時攝取蛋白粉。

午餐 積極攝取各種食品。選擇蛋白質含量較多的食品。量可以增多一些，但要少吃肥肉。不方便攝取蛋白粉的人可以喝牛乳。

晚餐 增加量，但要避免攝取過多的油脂。少吃油炸菜，多吃蒸的料理。不可大量喝酒，小酌即可。避免壓力堆積。不過，與其喝酒還不如喝蛋白牛奶。

肌力訓練前 避免在空腹狀態下進行訓練。開始訓練的 1 小時前，要少量吃以碳水化合物為主的飲食。香蕉、蘋果或燕麥片亦可。

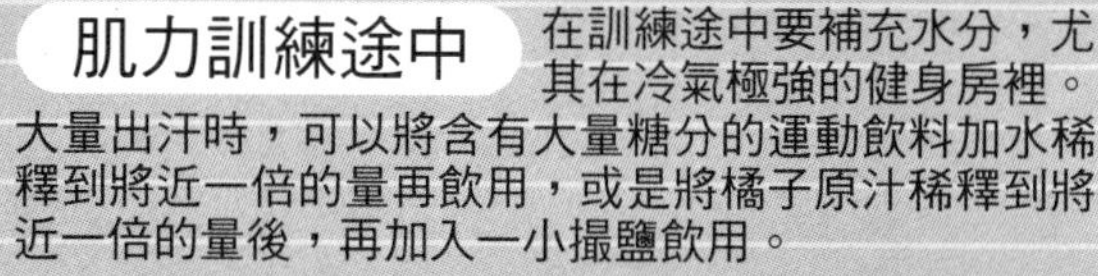

肌力訓練途中 在訓練途中要補充水分，尤其在冷氣極強的健身房裡。大量出汗時，可以將含有大量糖分的運動飲料加水稀釋到將近一倍的量再飲用，或是將橘子原汁稀釋到將近一倍的量後，再加入一小撮鹽飲用。

肌力訓練後 訓練一結束後就要補充成為熱量消耗掉的肝糖，使肌肉迅速復原。可以飲用能夠迅速吸收的橘子原汁或運動飲料，也可以飲用調拌蛋白粉的橘子汁以補充蛋白質。接著，在 1 ～ 2 小時內要好好的攝取飲食。

改變吃法的四項秘訣

1

改變時間

在此所說的時間，是指用餐的時間帶與用餐時間的長短。在固定的時間帶用餐，能夠使身體的規律＝代謝順暢。晚餐盡量在睡前三小時前吃完，愈晚吃晚餐身體就愈容易蓄積熱量。

最好花二十～三十分鐘以上的時間慢慢的吃，而且不可邊看報紙邊用餐。不集中精神在飲食上，就需要花較長的時間才會產生飽足感，結果容易導致飲食過量。

不吃早餐的人會發胖，多半是增加午餐和晚餐的量，將早餐的分量補足。一天吃二餐比吃三餐更容易發胖。像相撲大力士就是藉著一天只吃二餐來增肥，而且每次都吃很多。

2

改變咀嚼次數

增加咀嚼次數，能夠使孩子下巴的肌力均衡的成長，而且有助於減肥。

咀嚼食物時，位於腦的丘腦下部的滿腹中樞，會花二十分鐘的時間傳遞已經吃飽了的訊息。如果沒有充分咀嚼食物，則訊息很難傳遞出來，結果容易導致飲食過量。此外，狼吞虎嚥也會引起同樣的現象。

吃進嘴裡的食物要咀嚼二十～三十次以上才能吞嚥。在咀嚼途中，不要再吃其他的食物。充分咀嚼，可以有效的消耗熱量，而且活動下巴的肌肉，也能使臉部的曲線變得緊實。

3

筷子的使用法

最適合減肥的菜單是日式食品。種類多且脂質少，同時可以使用筷子。和湯匙、叉子相比，用筷子送進口中的食物量較少，能夠延長用餐時間，使滿腹中樞傳遞正確的訊息。

不擅長拿筷子的人，不妨趁此機會學習正確的使用法。

此外，也可以嘗試以非慣用手來拿筷子。不僅能夠增加用餐時間，同時有助於活化腦部。

4

改變 意識

成功塑身的其中一個關鍵，就在於意識。最好經常保有「正在減肥」、「正在進行提升肌力的訓練」等念頭。無論是運動或用餐，是否存在這種意識會產生很大的差距。

持之以恆相當重要，過度勉強容易半途而廢。只要從容易的事情開始做起，訂定簡單的目標，就能夠長久持續下去。經過一段時間後，就算體型沒有改變，也一定能夠保持健康。

想要減少體脂肪，得到理想的身材，最大的課題，就是要重新評估食量和菜單。只要實踐在此所介紹的方法，就能提高效果。請務必嘗試。

改變飲料及喝法

1 水、運動飲料

喝水會使體重增加，但這只是暫時的。最主要的問題在於多餘脂肪的增加。無熱量的水分不會引起發胖，不過，光喝水也不會瘦下來。減肥時，一日要喝一～一．五公升的水。大量飲水能夠①預防便秘、②沖除體脂肪分解後形成的老廢物，同時也可以抑制飢餓感。如果要利用能夠迅速吸收的運動飲料代替水，那麼最好用水稀釋其糖分。此外，在進行有氧運動或肌力訓練時要多喝水。

2 茶、咖啡

茶和咖啡都是無熱量的飲料，含有會刺激交感神經、提高脂肪燃燒的咖啡因。除了患有高血壓或心臟疾病的人之外，減肥時不妨多喝。不過，咖啡或紅茶不可添加奶精。另外，最好不要喝加糖的罐裝咖啡，因為裡面含有大量的脂肪和糖分。

茶中具有能夠放鬆神經、抑制脂肪吸收、預防肥胖或脂肪肝的成分。喝熱茶能夠讓胃保持溫暖，飯前飲用可以防止飲食過量。若是進行容易大量流汗的運動，則事前就要飲用。

3 果汁類

市售的果汁含有大量的糖分，尤其碳酸飲料（汽水）一罐中就含有八～十根三g包裝砂糖棒的糖分，減肥時最好避免飲用。此外，一般人以為純果汁中不含糖，事實上，這是錯誤的想法。不可將其當成飲料，但可當成補充維他命的食品，不過早餐盡量不要喝。如果真的想喝，那麼，可以選擇無熱量的果汁，或是將其稀釋到將近一倍的量再飲用。

另外，許多市售的蔬菜汁為了提升美味而添加果汁，但是，在做成果汁後部分的營養素流失，所以，蔬菜汁營養素的含量並不等於蔬菜的分蔬菜的分量。

4 酒類

酒類的熱量很高，而且不含蛋白質或維他命等營養素。熱量幾乎完全被吸收，一旦攝取熱量超過消耗熱量，就會形成脂肪蓄積在體內，故要酌量飲用。此外，要避免脂肪含量高的下酒菜，最好選擇富含纖維的食品細嚼慢嚥。酒類會降低肝功能，使脂肪容易積存，因此，必須適量的攝取乳酪、魚、豆腐等蛋白質。

防止攝取過量最有效的方法，是「喝酒前先吃點東西」。建議吃一點牛奶、乳酪、優格或蔬菜等含有豐富纖維的食品。下班後經常要應酬的上班族，可以隨時準備蒟蒻果凍、醋海帶或鹽醃海帶等。事前攝取少量的食品，可以延緩消化作用，降低合成脂肪的胰島素的分泌。

各種食品的熱量表

●食材・飲料熱量的標準●

（單位：kcal）

飯（1碗）	155
吐司麵包（6片裝的1片）	210
奶油麵包捲（1個）	80
蛋（1個）	85
豬腿肉（100g）	160
豬里肌肉（100g）	120
牛肩脊肉（100g）	325
沙朗牛肉（100g）	360
牛里肌肉（100g）	230
牛肝（100g）	130
雞柳（100g）	110
雞腿（100g）	180
香腸（1根・15g）	45
烤火腿（1片・20g）	40
竹筴魚（中1尾）	95
秋刀魚（中1尾）	220
沙丁魚（1尾）	12
鮭魚（中1塊・70g）	120
鮪魚（紅肉・100g）	130
鮪魚（肥肉・100g）	320
高麗菜（1片）	10
小黃瓜（中1根）	11
馬鈴薯（中1個）	70
白蘿蔔（中1根）	200
洋蔥（中1個）	40
番茄（中1個）	23
菠菜（中1把）	70

香菇、金菇、玉蕈	0
橘子（中1個）	33
香蕉（中1根）	70
蘋果（中1個）	85
葡萄柚（中1個）	90
柳橙（中1個）	110
葡萄（中1串）	70
哈蜜瓜（1/4塊）	45
草莓（中1顆）	5
桃子（中1個）	75
奇異果（中1個）	45
日本茶	0
咖啡（砂糖3g・奶精5g）	45
咖啡（黑咖啡）	0
紅茶（砂糖3g・奶精5g）	45
紅茶（不加糖和奶精）	0
可可（200ml）	180
番茄汁（200ml）	125
可樂（350ml）	350
牛乳（200ml）	125
啤酒（350ml）	150
清酒（180ml）	200
紅葡萄酒（1杯・100ml）	73
威士忌（30ml）	65
香味雞尾酒（中1杯）	300
燒酒水酒（1杯）	120
紹興酒（180ml）	360

●料理熱量的標準●

（單位：kcal）

炸豬排蓋飯	970
雞肉雞蛋蓋飯	640
蛋包飯	500
粥	180
咖哩飯	550
握壽司	450
薑燒定食	900
生魚片定食	500
蕎麥涼麵	250
天婦羅蕎麥麵	470
拉麵	450
菇類義大利麵	450
炭燒義大利麵	820
漢堡	300
總匯披薩	700
甜甜圈	230
炸雞	220
奶油泡芙	185
乳酪蛋糕	300
烤肉串（2串）	100
涼拌豆腐	140
炸豆腐	250
毛豆	40
味噌白蘿蔔	100
涼粉	7
味噌湯	60
豬肉湯	130

湯	10
納豆（小包）	80
海苔	0
照燒鰤魚	220
味噌鯖魚	200
洋芋沙拉	200
玉米濃湯	170
清燉肉湯	20
海鮮濃湯	160
洋芋球（1個）	150
炸牡蠣（5個）	450
牛肉蓋飯	580
月見烏龍麵	430
鰻魚飯	700
醬汁炒麵	550
中式涼麵	500
握壽司（梅子）	110
握壽司（鮭魚）	130
握壽司（鮪魚）	180
乾炸炸雞（中5個）	300
德國漢堡	350
洋芋片（1包・95g）	530
爆米花（1包・100g）	460
蛋糕	400
乳酪蛋糕	300
布丁	180
冰淇淋	350

Part.2 4

利用營養輔助食品 確實減少體脂肪

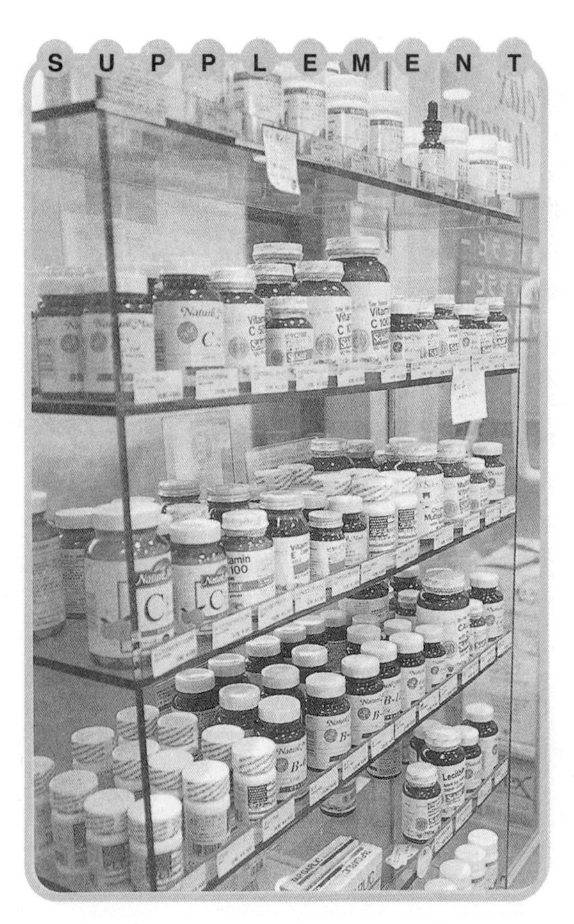

運動、限制飲食等都是減少體脂肪的方法。不過，就算踏實去做，也不一定有效。體脂肪燃燒的程度，因體質的不同而有不同。建議各位活用營養輔助食品，其幫助減肥或運動的成效極佳。以下就介紹具有各種用途的營養輔助食品，請選擇適合自己的商品，努力向減肥挑戰。

PART 1

配合肌力訓練飲用的 蛋白質系列營養輔助食品

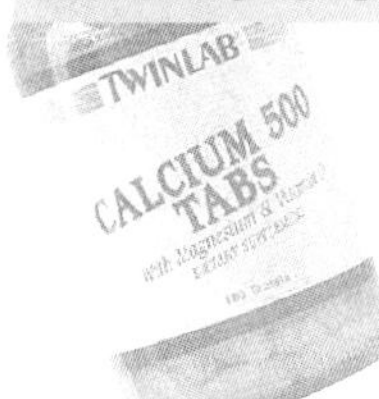

經常進行肌力訓練的人，建議攝取這種營養輔助食品。其代表是以蛋白質為主要成分的蛋白粉。訓練前後飲用，能夠使鍛鍊的部位變得更加結實。擁有與蛋白質的構成要素氨基酸同樣的作用。

美味可口

100%CFM whey protein飲料超級美味型

以前的蛋白粉具有一種特別的味道，難以下嚥。這種食品則有香草、可可和草莓三種口味。用牛乳沖泡，更加美味可口。是能夠攝取到美味高純度蛋白質的蛋白粉。

日本最早的正式蛋白飲料

100%CFM whey protein飲料

一罐whey protein約有10 g，能夠攝取到一天所需十種維他命中的一半。早上飲用，神清氣爽。是味道清淡的檸檬口味。

含有50多種必需營養

MICRODIET
SUNNY HEALTH

含有身體所需的蛋白質、鈣質或維他命等50多種營養素。一包為一餐份，熱量約170大卡。湯包分為玉米、清燉肉湯、南瓜和咖啡4種口味。適合寒冷季節飲用。

保持肌力並減重

SAVAS
PROTEIN WEIGHT DOWN

幾乎不含脂質，建議想要保持肌力並減重的人飲用。以植物性蛋白質為主要成分，而且含有藤黃果等具有燃燒脂肪作用的成分。

利用氨基酸補充肌肉的營養

GLUTAMINE POWDER

劇烈的運動會消耗肌肉，必須補充氨基酸等的營養素。這種食品是純度和品質極高的氨基酸，能夠抑制蛋白質的分解，促進蛋白質的合成。

補充減肥所失去的營養素

MLO MAX DIET

含有蛋白質及因減肥而容易缺乏的維他命、礦物質和纖維質等。有香草及巧克力2種口味。早餐後飲用，能夠健康的減肥。

減肥時的營養補給品

AMINO Quick

不用牛乳而用水沖泡的飲品。不像氨肽的飲料那麼難喝，有清爽的葡萄柚口味。含有豐富的蛋白質、維他命和卵磷脂等營養素。

適合訓練前後使用

AMINO SUPER TAB900

100 g 中含有72·3 g 的氨基酸，能夠有效的攝取到氨基酸。此外，藥片型容易迅速吸收，不傷胃。訓練前吃更有效。

PART 2

想要攝取脂質和糖分可選擇不會蓄積在體內而能迅速排出體外的營養輔助食品

減肥失敗的主要原因是掉以輕心。節食時，總是抗拒不了含有脂質和糖分的食品的誘惑。建議各位使用以下介紹的營養輔助食品。這些食品具有防止脂質或糖分蓄積在體內的作用，對於經常「飲食過量」的人很有效。不過要避免攝取過多。

利用巴拿馬萃取劑抑制血糖

BaNaBaMIN

從原產於東亞的巴拿馬葉浸出的巴拿馬，具有降低血糖的效果。其有效成分能夠抑制細胞吸收葡萄糖。僅僅3顆，就含有2公升巴拿馬茶的萃取劑 。

抑制脂肪與醣類的吸收

W-CUT

其中所含的苦木多酚能夠抑制分解脂肪的酵素的作用，同時含有可以抑制消化酶的成分。能夠抑制脂肪和醣類的吸收。

將吸收的脂肪排出體外

甲殼素＋維他命C

甲殼素能夠吸附胃中食物的脂肪，使其隨著糞便一起排出體外。配合維他命C，可以提高脂肪的吸附力。此外，能夠降低血中膽固醇值，消除便秘。

抑制醣類的分解和吸收

Deobesitogen ST HALFCUT50

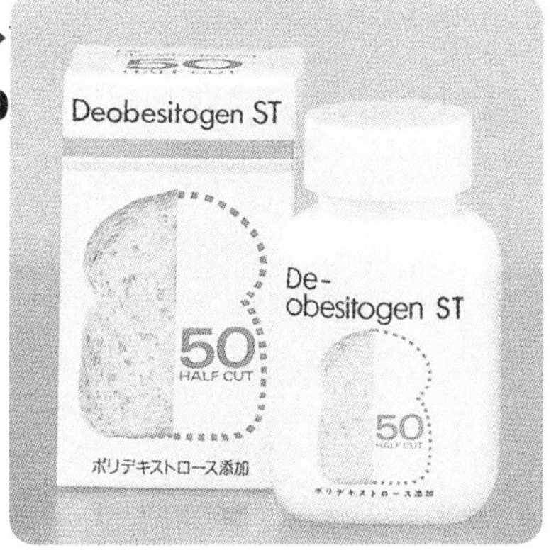

攝取到體內的澱粉質在腸被吸收，形成葡萄糖。多餘的部分會成為脂肪蓄積在體內。Deobesitogen能夠抑制將澱粉分解成葡萄糖的酵素的作用，讓多餘的澱粉質成為糞便排出體外。

無法期待速效性 要配合運動

有的人持續一個月攝取營養輔助食品，卻因為「無效」而放棄。實際上，因體質的不同，效果也不同。不過，至少要攝取三個月才能判斷是否有效，同時要維持運動的習慣。為促使脂肪燃燒，可以加入啞鈴等有氧運動，這樣才能提高營養輔助食品的效果。

PART 3

攝取使脂肪燃燒的有效營養輔助食品能夠使身體更緊實

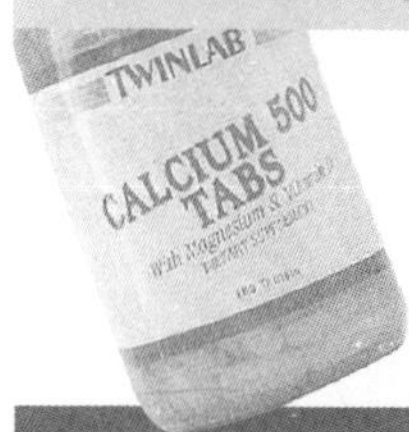

光靠運動，很難去除蓄積在體內的脂肪。這時，只要攝取營養輔助食品，就能夠提高效率。攝取以下介紹的營養輔助食品，具有促進體內脂肪燃燒的作用。要特別注意的是，「運動搭配營養輔助食品」才能產生效果。

促使脂肪轉化成熱量燃燒掉

MUSASHI HUAN

含有能夠改善肝功能的肌醇、膽鹼和蛋氨酸，能夠抑制脂肪蓄積，具有使脂肪轉化成熱量燃燒掉的作用。可以促進新陳代謝，提高熱量的消耗率。

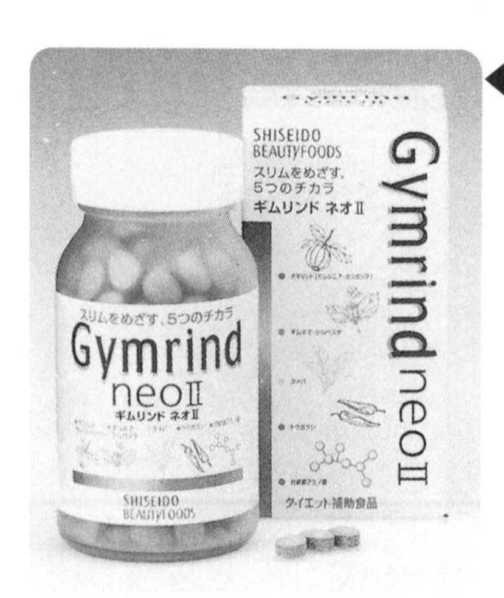

具有減肥效果的成分＋維他命

GYMRIND Ⅱ

含有藤黃果、匙羹藤酸、芭樂萃取劑、單寧酸、辣椒辣素等具有減肥效果的成分。另外，還含有維他命B1、B2和分支鏈氨基酸。

促使脂肪有效燃燒

DIET SUPER SHAPE

含有能夠加速體脂肪燃燒及抑制肌肉分解的異構化亞油酸。另外，還添加促進出汗作用的辣椒辣素，可以有效的減肥。適合減肥時用來維持健康，而且具有美容效果。

成功的塑身

PRFECT SLIM

含有能夠抑制體脂肪的藤黃果、提高脂肪利用率的物質Citlasaurantium和辣椒辣素，以及提高熱量利用率的鉻，是有助於健康減肥的營養輔助食品。

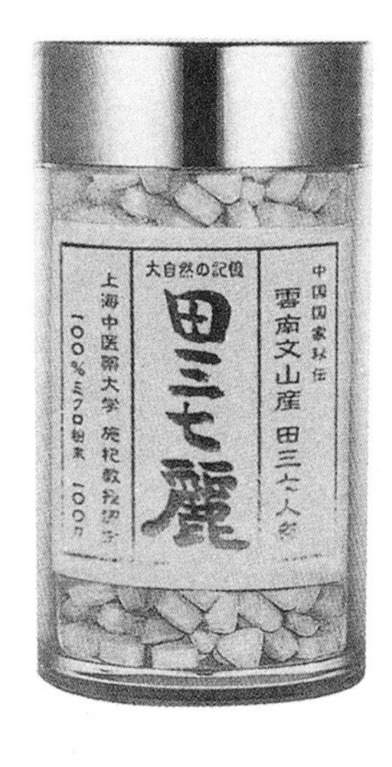

每天飲用可以改善體質

田三七麗

來自中國雲南省無添加物的顆粒型田三七人參。田三七人參的皂角苷是高麗人參的 3 ~ 5 倍。主要成分是維他命和礦物質，具有淨化血液及改善體質的效果。適合當成減肥時的營養輔助食品。

促進體脂肪燃燒，防止體脂肪蓄積

TRELIS減肥食品

含有將脂肪運送到肌肉、使其燃燒的L-肉鹼這種氨基酸，具有抑制膽固醇的作用。另外，還含有藤黃果和匙羹藤等有助於減肥的成分。

提升爆發力和持久力

CREATINE POWDER

肌酸具有使熱量供給源三磷酸腺苷迅速再合成的作用，能夠有效的提升爆發力和持久力。不僅可以提高運動水準，同時能夠增加脂肪燃燒率。

使體脂肪有效的變成熱量

SUPER HOT SLIM

含有辣椒的成分辣椒辣素，能夠提高腎上腺素的分泌，促使肌肉消耗熱量，同時會利用血中的醣類和脂肪，提高熱量代謝。

減少體脂肪，增強肌肉

SUNFLOWER DIET

異構化亞油酸是從向日葵種子中浸出的一種油。能夠燃燒體脂肪，抑制體脂肪的蓄積。每10粒中就含有2.4g 的Tonalin。據報告顯示，不僅可以減少脂肪，同時還能夠增加肌肉。

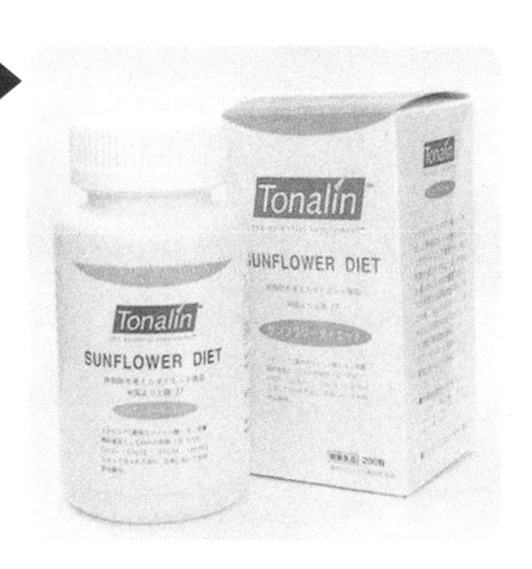

去除多餘的脂肪，使身體變得緊實

TONALIN SHAPE

含有向日葵種子的脂肪酸Tonalin（異構化亞油酸）和辣椒的辣味成分辣椒辣素，能夠去除體內多餘的脂肪，使身體變得更為緊實。是有助於減肥的營養輔助食品。

使用時注意搭配組合的方式與用量

營養輔助食品不能任意食用，錯誤的組合有害健康。例如「食物纖維和礦物質的組合」，礦物質會包住食物纖維，又如「維他命C和鉻的組合」，維他命C會促使鉻迅速排出體外。此外，一併攝取數種維他命時，必須保持相同的量。

PART 4

藉著營養輔助食品降低血糖值 掌握成功減肥的關鍵

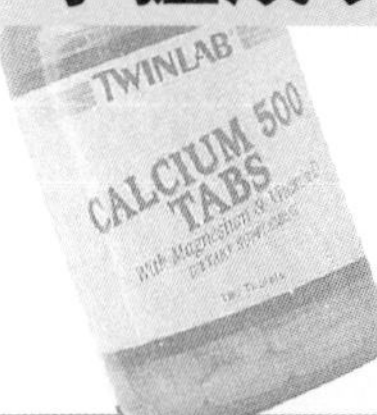

能夠降低血糖值的胰島素，會將糖從血中運送到細胞內。當胰島素分泌過剩時，會導致食慾旺盛，加速肥胖。因此可以利用營養輔助食品加以抑制。這是成功減肥的關鍵。積極攝取能夠支援胰島素作用的成分，就可以控制血糖，防止攝取過多的醣類。

隔絕糖分，減少體脂肪

METABOLIC CITLACIA DIET

含有能夠分解脂肪與隔絕糖分吸收的物質，同時可以利用食物纖維蘋果纖維使排便順暢，能夠幫助減肥。

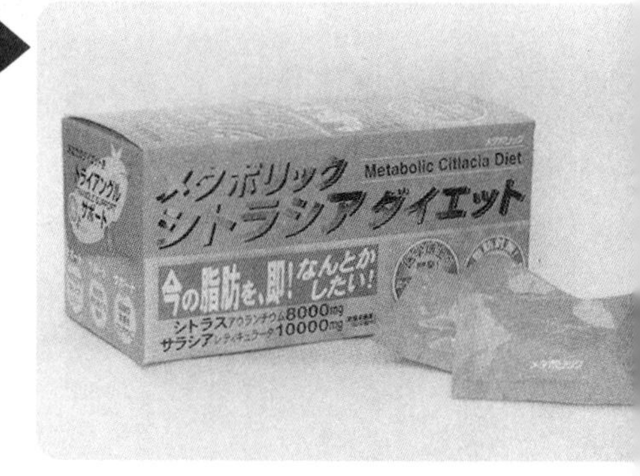

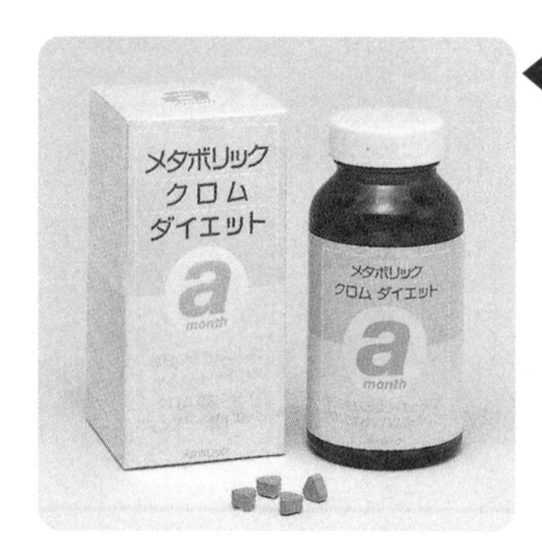

藉著鉻的作用減少脂肪，增強肌肉

METABOLIC 鉻減肥

鉻是人體必須的礦物質之一。與胰島素的作用具有密切的關係，是減肥不可或缺的要素。同時還添加了藤黃果藤黃酸中所含的羥基枸櫞酸（HCA），能夠抑制醣類轉化為脂肪。

抑制糖轉化為脂肪

健康減肥茶

雪蓮果是在南美栽培的作物，食物纖維的含量為甘藷的2倍，多酚的含量則與紅葡萄酒並駕其驅。雪蓮果的葉和莖混合烏龍茶，可以抑制血糖過剩，減少體脂肪 。

混合雪蓮果和匙羹藤的萃取劑

健康減肥粒

由雪蓮葉浸出的萃取劑和減肥素材匙羹藤與烏龍茶萃取劑混合，製成顆粒狀的健康輔助食品。不只是減肥中的人，想要杜絕糖分的人也可以使用。

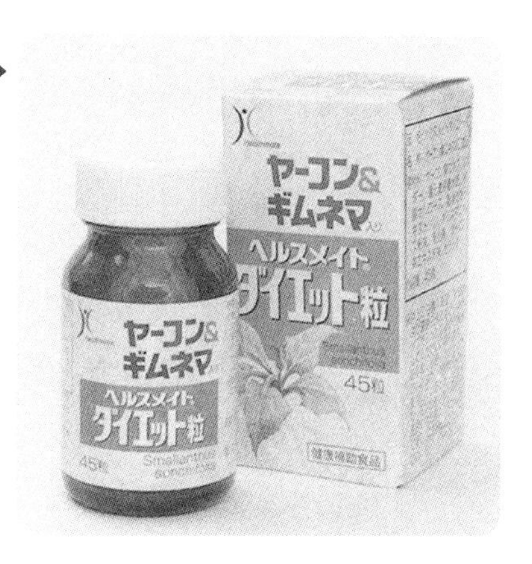

氨基酸在空腹時攝取 其他物質則在飯後攝取

基本上，在產生消化酶時攝取較容易吸收，所以最好在飯後食用。不過，像氨基酸等則必須在空腹時攝取較具效果。此外，錠劑的營養輔助食品要用大量的水送服，水太少會損傷喉嚨，要注意。

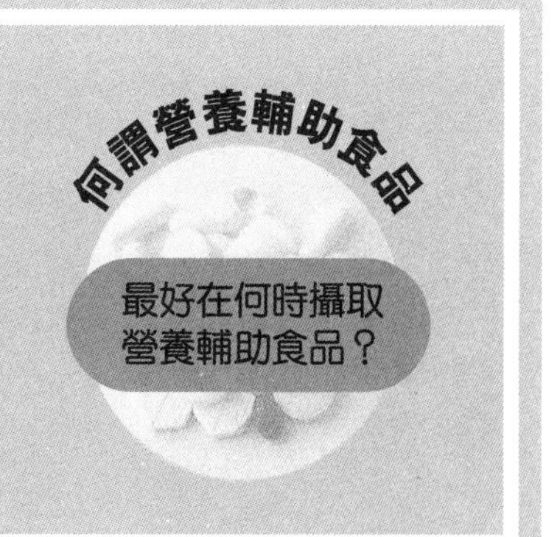

Part.2
5

女性的脂肪學

腹部、手臂、臀部、大腿、小腿肚……。大部分的女性都為體脂肪附著所苦。要解決這個問題，就要改善飲食及進行適度的運動。不過，事先要了解年齡、月經、懷孕等女性身體特有的變化與脂肪之間的關係。要學會安全有效的塑身知識。

女性的身體容易附著脂肪的理由

就生物學而言，女性和男性之間決定性的不同，就是「女性可以生育」。

女性為了孕育孩子，體內必須儲存大量的脂肪當成生產時的消耗熱量。

因此，成年女性的身體容易附著脂肪，比男性擁有更圓潤的體型。

為了生存，人體會將多餘的熱量儲存在體內。尤其是女性，必須做好延續種族的準備，所以懷孕時體重會增加，體脂肪率也會大幅上升。

女性的體型擁有母性的重要特性，藉著女性荷爾蒙的作用，不同的時期具有不同的特徵。與男性相比，幼兒期、青春期、性成熟期、更年期、老年期等的體型變化非常明顯。

女性的荷爾蒙與脂肪的合成有密切的關係。成年女性的體脂肪率平均為二二～二三%，成年男性為十六～十七%，女性高約七～八%。女性的脂肪較多，具有生物學上的作用，而且女性美麗的身體曲線，也是藉著脂肪雕塑出來的。

只要維持正常的生活，就不會太瘦或太胖。然而，因為飲食文化及科學的發達，生活形態本身產生劇變，再加上人類價值觀的變化等，造成人類體型出現各種改變。

月經週期與體重的關係

生理期是脂肪容易減少的時期

所有的成年女性每個月都有體重容易減少的時期，這是根據經驗得知的事實。

在生理期結束後的約二週內，即使沒有特別限制飲食，體重也會逐漸減輕，然後慢慢回升。

這個時期新陳代謝旺盛，肌膚光澤有透明感。反之，生理期前或生理期間，身體浮腫，體重容易增加。

這些現象是生理期時女性荷爾蒙卵泡素分泌量產生變化所致。這種荷爾蒙會將水分送入體內，使肌肉柔軟，因此生理期間臉和腳容易浮腫。

掌握生理期間體重的變化，就能夠有效的減肥。

換言之，生理期結束後是最佳的減肥時期。

這段期間，新陳代謝活動旺盛，只要進行有氧運動等訓練及改善飲食，就能夠成功的塑身，而且情緒穩定。

在生理期前或生理期時，幾乎無法得到減肥效果。這段時期即使體重沒有減輕，也不必慌亂或半途而廢。

產生倦怠感時，不要勉強進行訓練。少喝水，避免飲食過量，要積極的攝取維他命B_6、鎂、纖維質等身體所需的營養。

生理週期的規律，大致可分為①生理期、②卵泡期、③排卵前後期、④黃體期、⑤生理前期。只要測量基礎體溫，就可以掌握自己的生理週期。想要減肥的人，應該要比較基礎體溫和體重的變化（因人而異，有時不會出現如下表所示的體溫和體重變化）。

此外，值得注意的是，為了減肥而極端限制飲食，可能會導致生理期停止的危險性。

身體長期缺乏所需的營養素，會危害健康。

最容易產生問題的是，女性會出現荷爾蒙分泌不順暢、生理期停止的現象。

這時已經不是瘦，而是憔悴的狀態。長期營養不良，可能會危及生命。

因此，即使減肥中，也要補充適當的營養。

生理週期與基礎體溫・體重變化的關係（例）

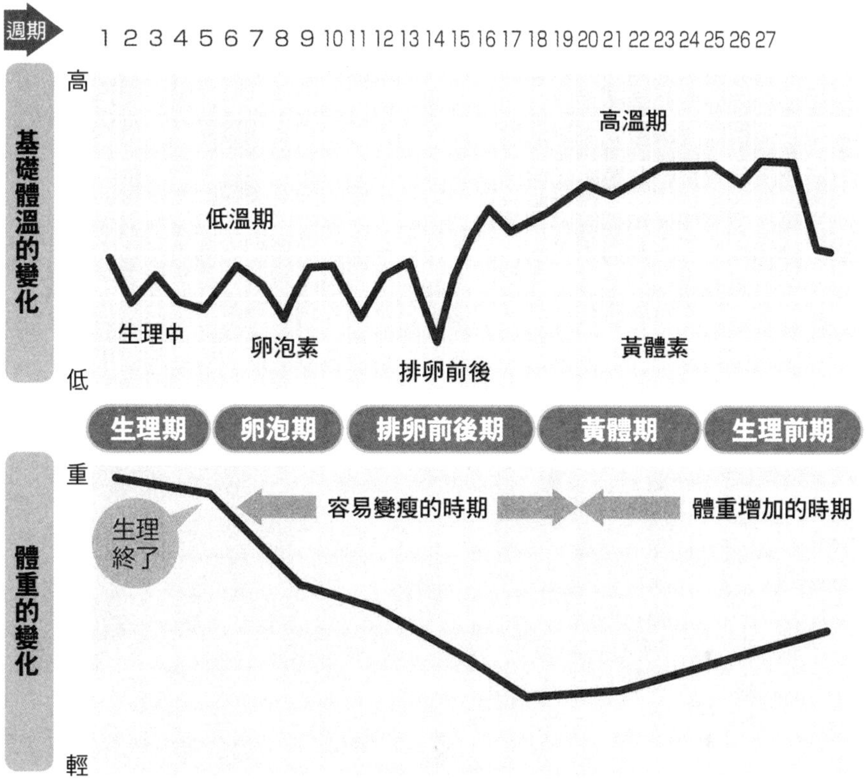

懷孕、生產與脂肪的關係

懷孕時體重增加和產後肥胖的問題

除了年齡的增長等自然因素之外，女性的體型也會受到懷孕極大的影響。

女性的身體擁有母性的特徵，懷孕時為了保護體內的胎兒，會儲存比平時更多的脂肪。

生產時嬰兒的體重約只有三公斤，但是，孕婦的體重卻大幅增加。

相信沒有人會在懷孕時減肥，母體和胎兒的健康管理比體型更重要。為了生下健康的寶寶，即使臉稍微浮腫也不在意。

不過，也不能放任體重持續增加。懷孕時體重增加過多，容易罹患高血壓或妊娠中毒症。

不只是母體，對胎兒也會造成不良影響。所以，就算是懷孕，飲食也必須有所節制，避免攝取過量。

懷孕時，體重增加的幅度要維持在十公斤以內，最好是七～八公斤。每週以增加五百公克以內為宜。

即使增加超過七～八公斤，也不可極端的限制飲食，可以藉著孕婦體操等輕鬆的運動防止繼續增胖。對於身體僵硬的人而言，孕婦體操能夠放鬆生產時必須使用的肌肉和關節，同時有助於產後恢復體型。

除了體重的增加量之外，還有其他判斷是否過胖的方法。亦即BMI指標。就是利用「體重（kg）÷身高（m）的二次方」這個公式所求得的數值。成人的標準為「22」。懷孕初期為「24」以上、懷孕中期為「26」以上、懷孕後期為「28」以上時就是「肥胖孕婦」。

其次，說明產後的注意事項。懷孕時子宮變大，腹肌拉長，左右腹直肌分離。產後不久，腹直肌無法閉攏而維持鬆弛的狀態，必須要花一段時間才能回到原先正常的狀態。在這段期間內，下意識的讓腹肌保持緊，張，就能夠促使肌肉復原。

此外，懷孕時為了支撐裝著胎兒的大肚子，因此容易導致姿勢不正確。產後腹肌鬆弛，與背肌之間無法取得平衡，姿勢更加不良。

產後體型變形的原因之一，就是姿勢不正確造成的。產後要盡量挺直背肌，保持正確的姿勢。

關於體重變化方面，產後體重平均會減輕五～六公斤。不過，懷孕時體重增加了約十公斤，所以整體而言，體重約增加四～五公斤。

經過五～六個月後，大部分的人應該都會恢復原先的體重，但若是掉以輕心，就會變成容易發胖的體質。

產後身體狀況欠佳，那就另當別論了。總之，要注意運動、飲食及選擇適當的內衣褲，積極恢復原來的體型。

對於子宮擴大、肌肉鬆弛的腹部來說，勉強穿小一號的內衣褲太緊繃，會產生不適感。基本上，要選擇可以長時間穿著的尺寸。

此外，要使用能夠支撐變大的腹部周圍的束腹。雖然不美觀，但是可以矯正姿勢，一定要穿戴。

懷孕時體重增加七～十公斤時，產後束腹可以選擇與懷孕前相同的尺寸。若是增加的體重超過十公斤，則必須以五公斤為單位，選擇大一號的尺寸。

產後半年內，身體會自然恢復為產前的狀態，而且荷爾蒙的分泌和新陳代謝也會變得更旺盛。飲食習慣也會因為懷孕而有很大的改變。

怠忽這段時期的照顧，則體型不僅無法復原，甚至可能嚴重變形。

產後半年內，也是能夠讓你的身材擁有比產前更苗條的機會。當然前提就是要恢復健康。另外，也可以將這段期間當成減肥及塑身的開始時期。

年齡增加使得體型產生變化

從腳到腰部、腹部的體脂肪

以下就來探討女性隨著年齡的增加身體會產生何種變化。

十五歲到二十五歲時以大腿和臀部為主附著的脂肪，到了四十五歲以後會逐漸集中到腰部和腹部。二十歲到四十歲稱「性成熟期」，是有懷孕和生產等經驗的期間，身體早就已經做好了萬全的準備。

接著，女性荷爾蒙的分泌逐漸減少，脂肪附著的位置也產生變化，同時排卵能力降低，產生生理不順的現象，最後邁入停經期。這就是四十五歲到五十五歲之間會出現的「更年期」。

進入更年期的女性，即使體重和二十幾歲時一樣，體脂肪率也會增加。肌肉減少，皮膚失去彈性，尤其臀圍線會開始下降。

此外，這個時期的女性會因為更年期障礙而導致情緒不穩定，有飲食過量的傾向。就算食量和以前一樣，但因為基礎代謝減低和運動量減少，也會導致肥胖。

更年期的肥胖容易引發子宮體癌和動脈硬化。所以，無論是為了美容或健康，都要進行適度的運動。

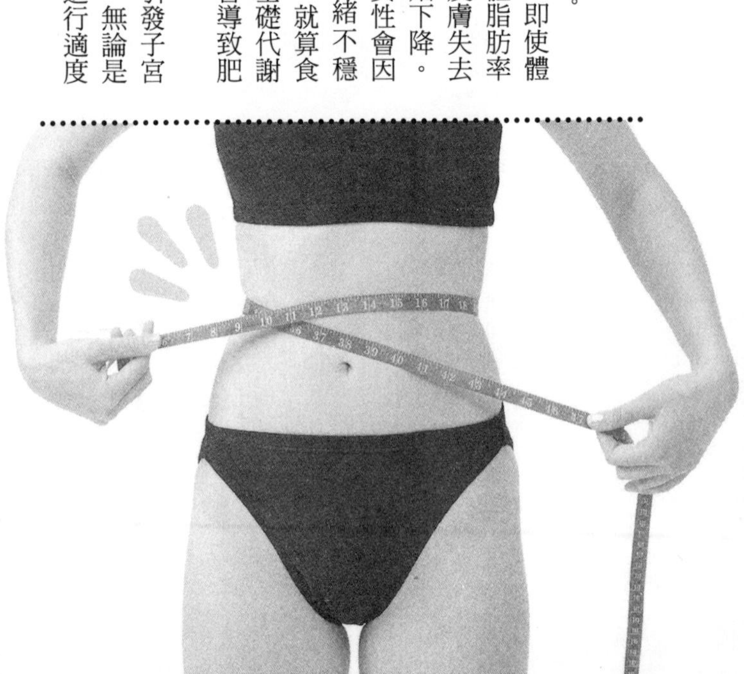

B・W・H的脂肪

胸部　腰部　臀部

平時好好的照顧就沒問題

對於女性而言，富於彈性而堅挺的乳房是永遠的課題。乳房是由九十%的脂肪、十%的乳腺所構成。

有人認為減肥後乳房會變小。事實上，乳房的脂肪無法藉著訓練或改善飲食來維持或增加。只能夠藉由鍛鍊周圍的肌肉，防止乳房下垂。

單側乳房的重量為二五〇（A罩杯）～六〇〇（D罩杯）公克。支撐其重量的是胸大肌，因此最好積極鍛鍊該部位。

緊實的乳房是凸顯女性柔美的重點。側腹和下腹容易附著脂肪，一旦肌力減弱，就會造成鬆弛。腹部的脂肪具有保護內臟免於外界刺激的作用。腹部的脂肪量本身就較少，所以發胖時會成為最早開始附著贅肉的部分。

可以藉著有氧運動燃燒體脂肪，利用腹肌訓練使腹肌群緊實，而且平時就要注重飲食的管理。

想要創造具有適度脂肪、圓潤而緊實的臀部，就要積極的活動臀部肌肉。具體的做法是，鍛鍊臀部正中央的臀大肌及旁邊的臀中肌。長年坐辦公桌的人，這個部位的肌肉有容易衰弱的傾向。

平常可以藉著適度的運動，以及大步快走、臀部用力等來鍛鍊肌肉。

消除便秘與減肥

便秘的原因是食物纖維攝取不足

很多女性為便秘所苦。而便秘的人不一定容易發胖，但是身體功能會減弱，代謝不良。消除便秘，有助於減肥，雕塑體型，維持健康。

引起便秘的主要原因是糞便量太少。

不過，就算增加食量也不能解決問題。便量少是食物纖維攝取不足所造成的。飲食生活的歐美化，使得國人攝取的食物纖維量大幅降低。

一旦缺乏食物纖維，構成一半以上糞便的腸內多餘細胞和細菌，就無法順利的排出體外，導致大腸出現過度的蠕動運動或排出能力減弱，使得有害物質長時間停留在體內，形成代謝力差而容易發胖的體質。

要消除便秘，就必須要積極攝取食物纖維。例如，蔬菜類（諸類、胡蘿蔔、蘿蔔乾等）、海藻類（羊栖菜、海帶芽等）、水果（草莓、香蕉、蘋果等）、豆類（紅豆、大豆、豌豆等）、菇類（木耳、香菇、光蓋庫恩菇等）、米（糙米尤佳），同時進行適度的運動。

F a c e M a s s a g e

使臉部緊實

按摩臉部

臉部肌肉和身體其他部位不同，除了發聲之外，幾乎很少活動，所以臉部容易附著脂肪。在化妝或護膚之前，按摩一下臉部，不僅能夠擁有生動的表情，也能夠促進脂肪燃燒。

■消除臉部浮腫的按摩方式

①用手指按壓瞳孔中央、距眉毛3指上方處，朝上按壓到髮際為止，共做10次。

②用手指按壓眼頭和鼻根之間，朝上按壓到眉毛為止，共做10次。

③從瞳孔中央的陷凹處開始，用手指按壓下方2指處，按壓到耳朵正中央為止，共做10次。

④從下巴腮骨突出的部分上方1指處開始，用手指朝耳下往上按壓，共10次。

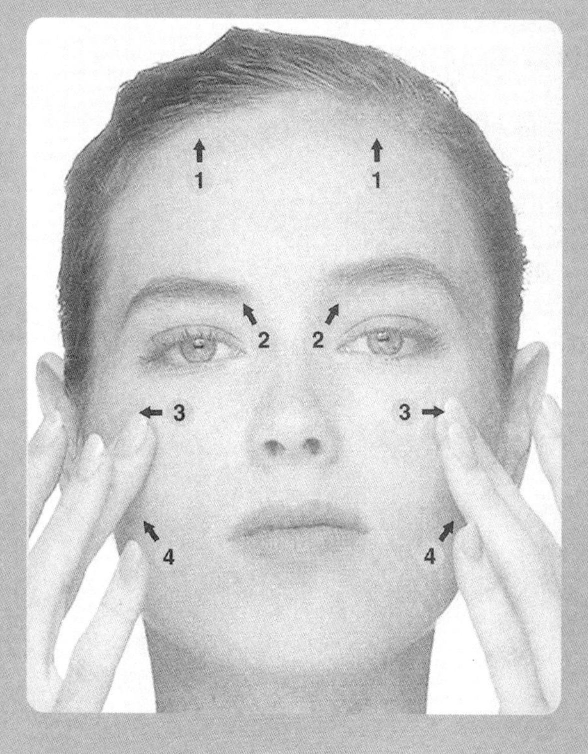

Part.2 6

一定要看!!

減肥＆提升肌力的
輔助用品

無論是男女老幼，都希望藉著減肥、鍛鍊肌肉而擁有美麗的曲線。重點在於本人的毅力和決心。不過，在此介紹的輔助用品能夠讓你更有效的進行訓練。

體脂肪計

可以輕鬆檢查肥胖形態的名片型

體脂肪計・BMI計 EW4100P

可以同時檢查體脂肪率（內在的肥胖）與BMI（外表的肥胖）。能夠更準確判斷肥胖類別的名片型體脂肪計，薄（厚1.2公分）而輕巧（重50公克：電池除外），可隨身攜帶。

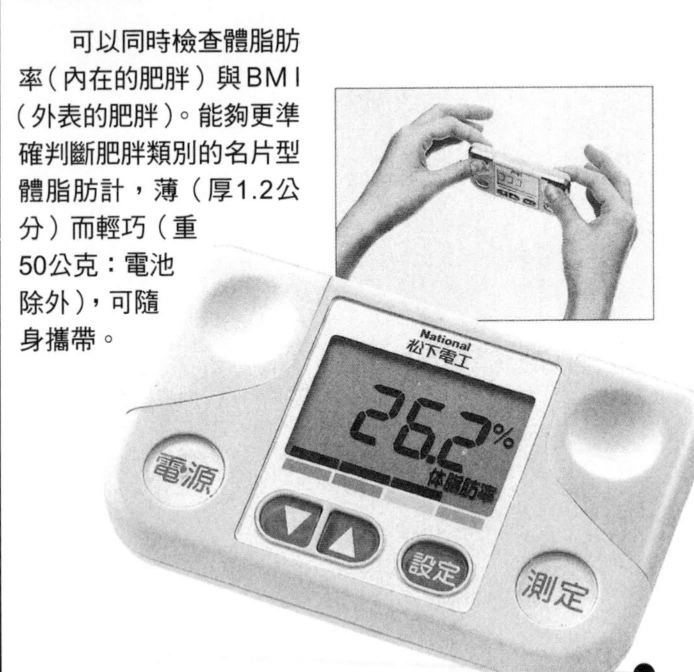

世界首創，站上去就能測量
體重、體脂肪率和內臟脂肪

INNER SCAN TF-770

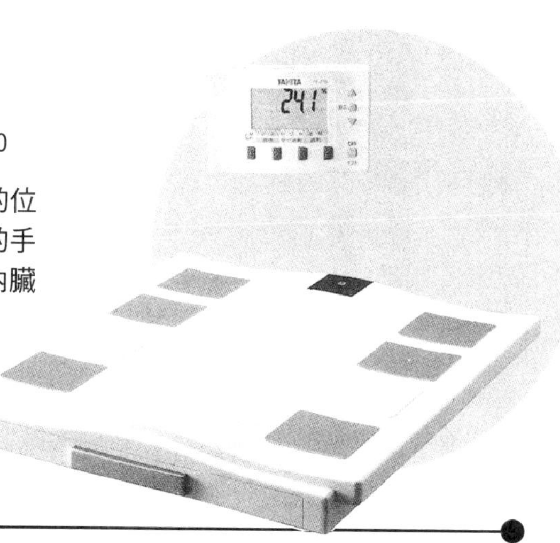

大型液晶面板標示出腳踩的位置，採立體設計。附容易操作的手握型無線分離器，是可以測量內臟脂肪的脂肪計。能夠同時測量體重和體脂肪，可謂世界首創可以得知內臟脂肪標準的體脂計。

可記錄24個月份的資料以掌握變化

附帶脂肪計的健康計 TBF-560

附日曆記憶體，可記錄24個月份體重和體脂肪率的資料。計測者可以登錄五人份。若選用顧客型功能，則不必登錄就能測量體脂肪。此外，還有頂級運動選手專用型。

用手操作，簡單且正確
附基礎代謝量測定功能

體脂肪計 HBF-306

能夠利用ＢＭＩ和體脂肪率正確測定肥胖形態。有清楚的標示，可以拿在手上測量，操作簡單。藉著基礎代謝量可以知道運動和飲食的均衡標準。體重標示為0.1%單位，可設定９人份。

減肥＆提升肌力的

輔助用品

熱量計

藉由公克數就能夠知道攝取的鹽量
而且標示出熱量

熱量鹽分計
鹽見媽媽 CK-110

將感應器部分浸泡在湯汁中，就可以測出鹽分濃度（％）。以內附料理菜單的標準濃度為基準，從濃到淡分成5個階段。藉著飲食的比例可以計算鹽量，以公克（g）表示，同時還能標示熱量。可以記錄攝取的鹽量和熱量，掌握1天的總攝取量。

有助於計算料理的分量

電子烹飪計算器 KD-162

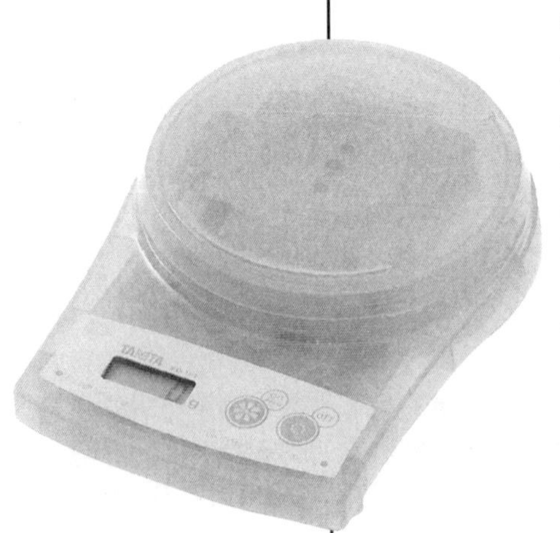

有清楚的數字標示，薄型的設計，是容易收納在廚房中的烹飪計算器。最小可以正確測量到1公克為止。只要扣除容器重量，就能夠簡單的追加計量。是限制食量、管理飲食不可或缺的器具。

利用按鈕操作
就能夠完成麻煩的營養計算

電子熱量計算系統 II　NO.7002

是將食品置於秤上，按下計算機的按鈕，就會顯示出熱量、蛋白質、脂質、醣類、鹽分等的熱量測量器。熱量具有點數標示法，可以對應 4 群點數法。內附1000種食品、200種外食資料。

利用圖表檢視攝取的熱量和營養的均衡度

袖珍型熱量計算機
食彩生活　CK101

是以目標體重或目標熱量為標準，用圖表顯示所攝取的飲食熱量和營養均衡的狀態，同時可以傳送正確且有效減肥（改善飲食生活法）訊息的指導型熱量計。內附800種食品群。只要每天輸入體重，就能以圖表方式表示180天目標期間內的變化情況。

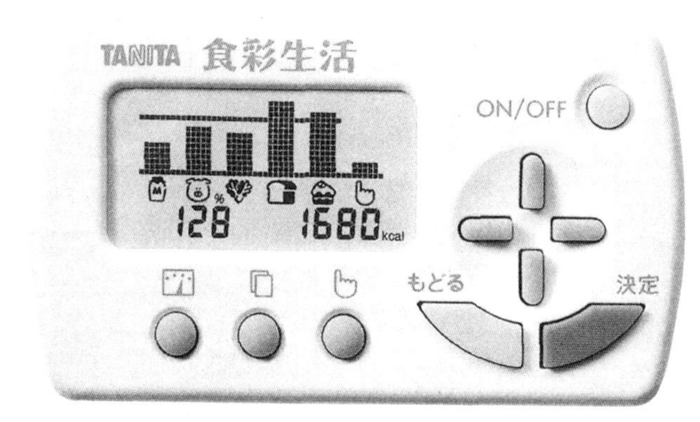

減肥＆提升肌力的

輔助用品

計步器＆計速器篇

標示最適合燃燒脂肪的步行速度和脂肪燃燒量

附燃燒脂肪指導的計步器計速器

TEB-710

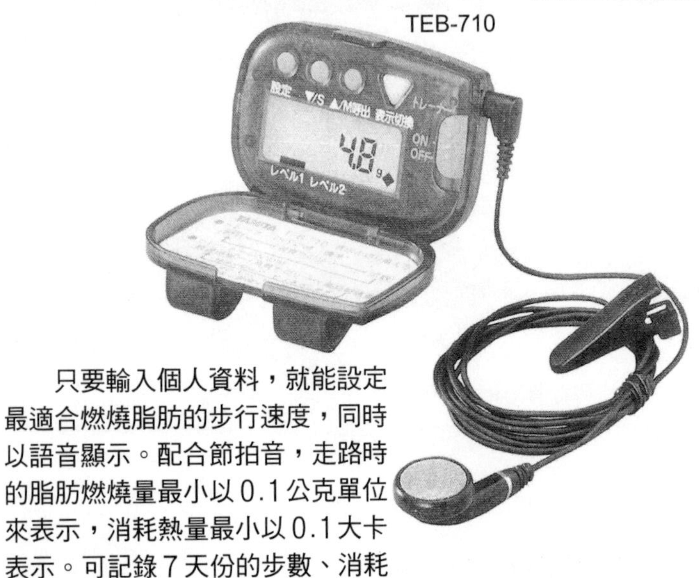

只要輸入個人資料，就能設定最適合燃燒脂肪的步行速度，同時以語音顯示。配合節拍音，走路時的脂肪燃燒量最小以 0.1 公克單位來表示，消耗熱量最小以 0.1 大卡表示。可記錄 7 天份的步數、消耗熱量的資料。

走路時到底燃燒幾公克的脂肪？

步行減肥器

POPOLO FB-711

包括計步器、熱量計、脂肪燃燒計、BMI檢查功能，以及利用獨特的自我培養的性格，得到人性化的虛擬減肥之樂。有各種卡通圖案畫面。另外還有萬能型。

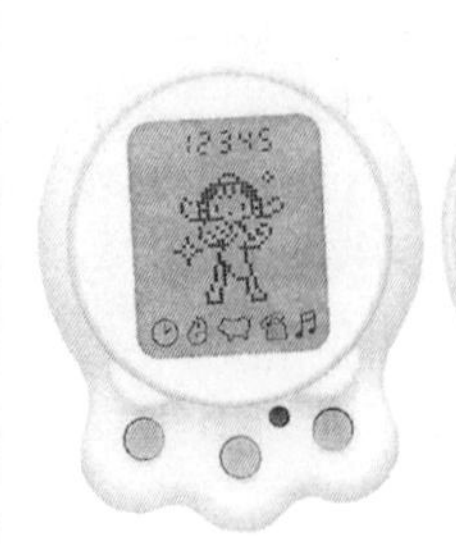

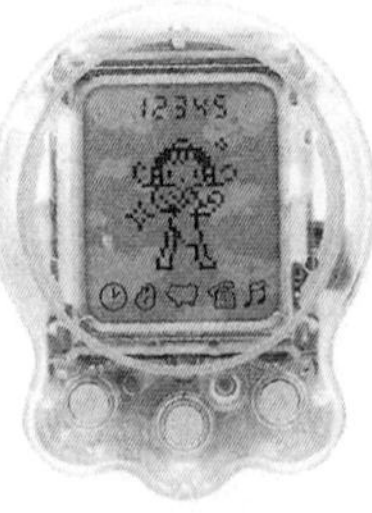

利用節拍音控制步行速度，藉著音訊達到鼓舞的目的

步行計速器
有氧步伐 EW4200P

配合個人的步調，利用節拍音控制速度並藉由音訊鼓舞士氣的耳機型步行計速器，可藉著市售的吊帶防止下滑

附有各種讓你想要走路的功能

WALKING STYLE
HJ-111

附有袖珍型新式感應器。具有計算連續走10分鐘以上步數的功能，可以當成有氧運動的目標。消費者享有免費提供改善生活習慣計畫（健康建議）的服務。

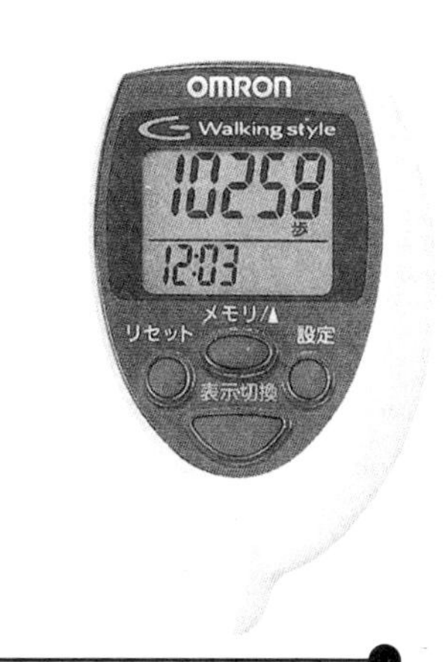

Walkin族系列

檢查熱量&步數
WZ201

利用食品圖表標示消耗熱量的計步器。達成目標時，會出現慶祝的畫面。

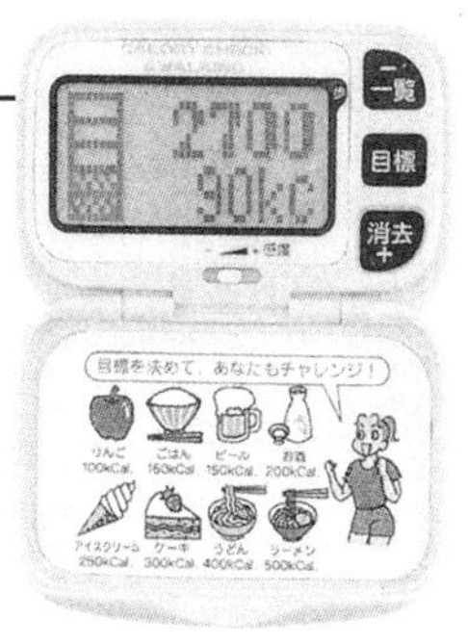

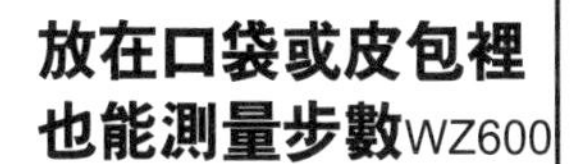

走路檢查WZ210
體脂肪燃燒

利用5個階段的火焰插圖表示體脂肪的燃燒情況，附有圖表。可以將體脂肪燃燒換算成公克。

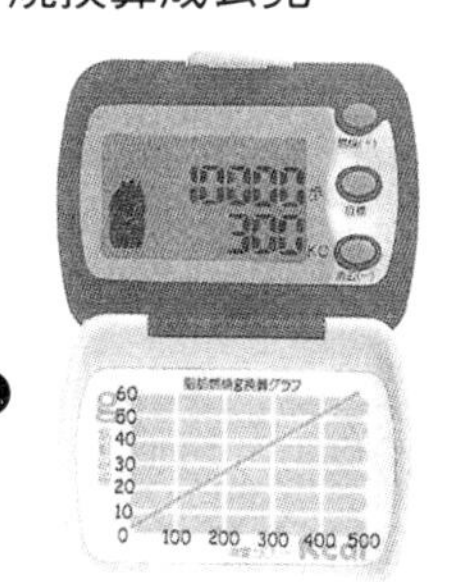

放在口袋或皮包裡
也能測量步數WZ600

放在口袋或皮包裡也能測量步數，附檢查模式，可以知道走路的成果。

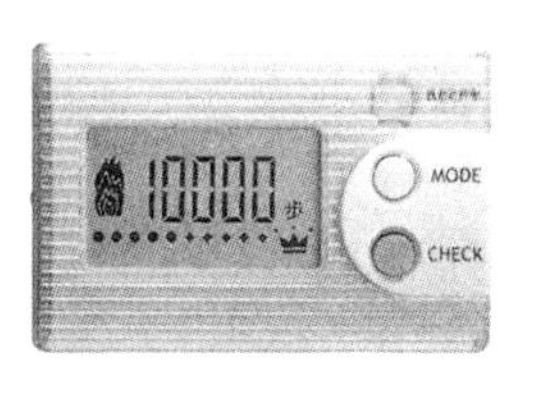

減肥&提升肌力的

輔助用品

心搏計・脈搏計

流線型設計的電子脈搏計

有氧脈搏計 NO.6101

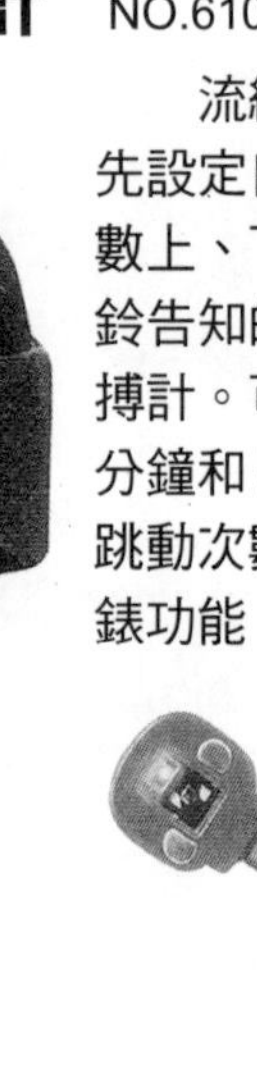

流線型設計，是事先設定自己脈搏跳動次數上、下限值並利用響鈴告知的手錶型電子脈搏計。可以自動測定3分鐘和5分鐘後的脈搏跳動次數，同時具有碼錶功能。

脈搏訓練專用電腦

脈搏圖表

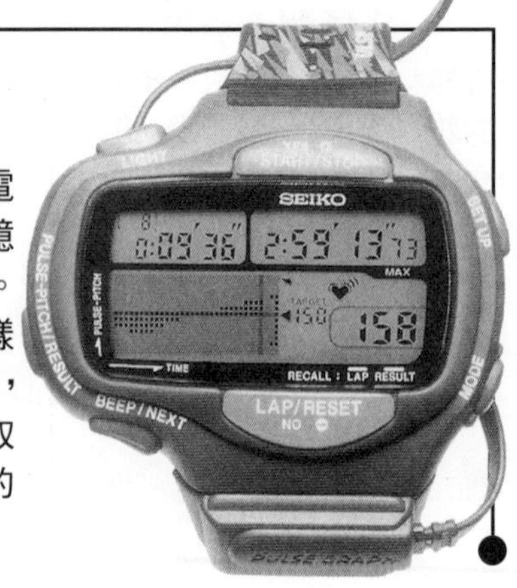

是最適合跑者使用的電子脈搏計。具有充實的記憶功能，可以讀取50份資料。設定和選擇的操作功能多樣化。若是另外購買PC軟體，則利用個人電腦就能夠讀取測得的心跳數以及跑一圈的時間等。

從走路族到正式運動員都適用

心搏監控器 HBE-110

無論是走路族或正式運動員，都能夠藉著內附的功能實現有效的有氧運動。利用無線胸帶式感應器測量，可以自由的設定目標心搏數，而且具有夜光顯示的功能，即使晚上也能看得很清楚。

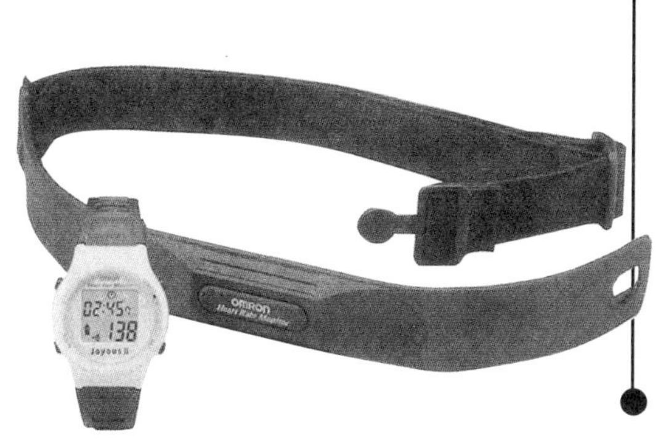

以健康為主的訓練

POLAR M52

輸入個人資料，藉著進行健康測試而自動計算出適合自己的目標心搏數、運動程度和消耗熱量等，是無線型測量的高性能心搏計。

附帶可以擬定個人目標的各種功能

運動心搏監控器

將手指置於感應器上，就能自動測量２分鐘內的脈搏跳動，而且會顯示最適合的運動強度圖表和運動評價等各種資料，同時配備可以記錄測定結果的記憶體。

一定要看

減肥＆提升肌力的

輔助用品

訓練商品

1

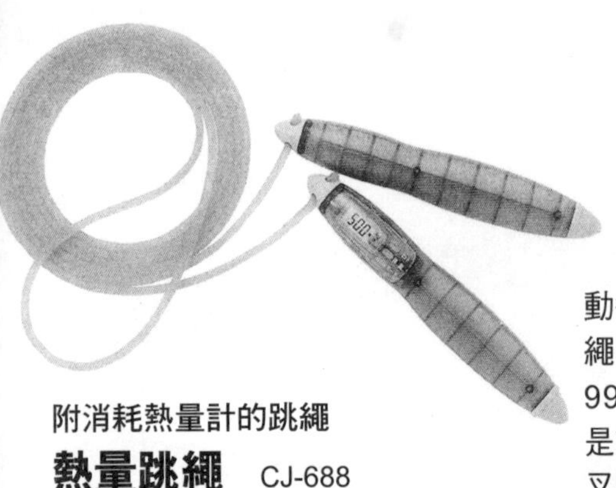

附消耗熱量計的跳繩

熱量跳繩　CJ-688

　是能夠測定運動後消耗熱量的跳繩，跳躍的次數到999下為止。無論是前跳、後跳或交叉跳，都能正確的測定。

腹肌商品代名詞

腹部訓練器

　襯墊抵住腹部，抓起握把，能夠鍛鍊腹肌與肱部。抵住肩部進行訓練，則可以鍛鍊胸大肌和背闊肌。

適用於想要鍛鍊腹肌的人

迷你仰臥起坐椅

　輕巧的折疊式仰臥起坐椅，坐墊的高度分為4階段調節，可以用來進行背肌運動。不僅能使肌肉緊實，同時也能夠鍛鍊出腹部8塊肌。

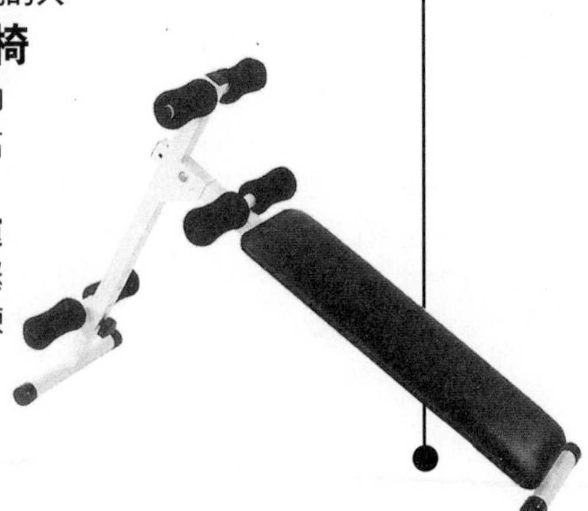

利用遊戲輕鬆的減肥

SONY PlayStation對應軟體

快樂減肥

這是能夠控制獨特生物「阿丸」的生活，努力接近目標體重的「減肥故事」遊戲。可以輕鬆學會減肥的方法。而且附有和「阿丸」一起跑步的跑步模式。

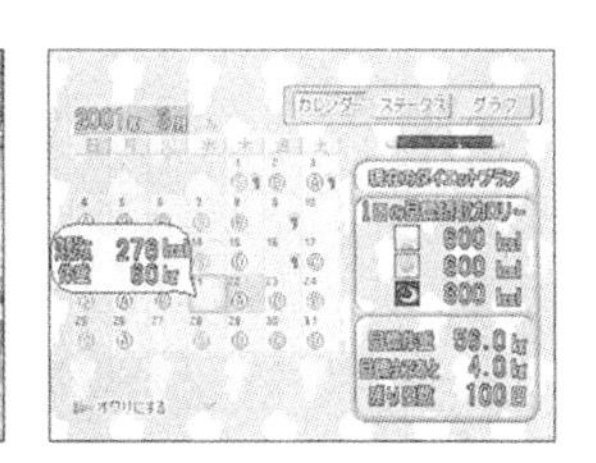

SONY PlayStation對應軟體

快樂跑步in Hawaii

一邊看著畫面上美麗的夏威夷街景，一邊使用專用踏步機，是能夠快樂跑步的軟體。只要輸入個人資料和目標，就可以自動計算出每天所需的運動消耗熱量。

專用踏步機

前述2項軟體專用的踏步機。可以一邊看著畫面，一邊慢慢的踏步，也能夠在房間裡輕鬆的進行。分為橘色和藍色2種。

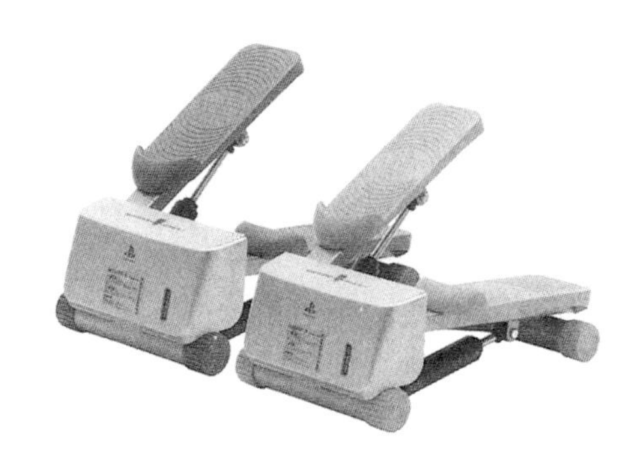

一定要看!!

減肥＆提升肌力的
輔助用品

訓練商品篇 2

舒適的踏步桿對身體溫和

健康踏步機 HBE-830

踏台部分可以水平或上下移動，是屬於腳朝正下方往下踏的機型。能夠順暢的踏步，不會對腳和膝造成負擔。可以鍛鍊腳部肌肉，同時藉著清楚的數字標示掌握運動量。

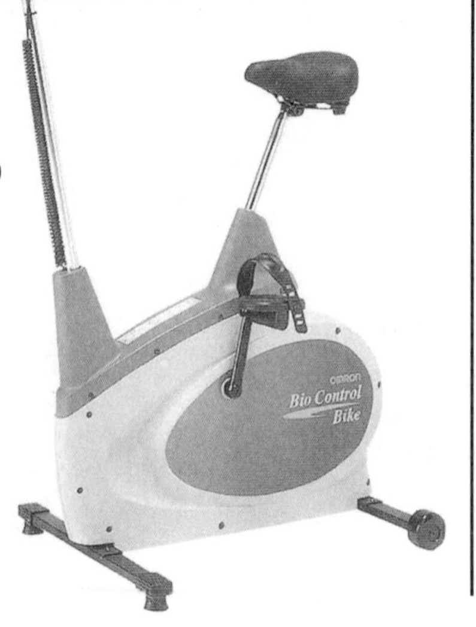

世界首創！
能夠掌握「心搏動態」
並進行有氧運動

坐式健身車 HBE760

利用手握式感應器測量運動中心臟跳動的情況。能夠藉著解析心搏訊息（心搏動態）而得到生物體資訊。可以自動設定最適合自己的全方位運動程式。

單輪車型的健身器材

NAIS平衡運動器 EU6203

藉著一邊朝前後左右搖晃一邊保持平衡踩踏板，就能夠提升腳的肌力，同時強化腹肌、背肌。踏板的負荷可進行８段式調整。設計輕巧，附顯示距離、消耗熱量等運動量的功能。

利用「橢圓運動」有效的塑身

交叉訓練機

自然的步行運動和橢圓運動不會損傷腰或膝。長時間使用，能夠同時進行有效燃燒脂肪的有氧運動及提高基礎代謝、促進熱量消耗的肌肉訓練。

１台可以進行60多種運動

萬能健身機

個人的體重負荷與年齡、體力無關，可以配合自己的步調進行訓練。不只是腹部，同時具有使大腿和小腿肚緊實的效果。折疊式的輕巧設計，方便收納，是適合大眾使用的器材。

Part.2
7

附帶減肥日曆 肥胖的基本知識

要減少體脂肪，必須從運動、飲食和營養輔助食品等方面著手，才能夠健康的減肥。自己進行肌肉訓練不一定有效，而且任意節食也可能危害身體。因此，在開始減肥之前，請先了解以下常見的問題，同時提供能夠進行減肥資料管理的減肥日曆和圖表作參考，希望各位能夠有效且正確的減肥。

Q 每天藉著只吃兩餐來減肥是正確的做法嗎？

A 一天消耗的熱量超過攝取的熱量時，體重當然會減輕，但是卻會危害健康。用餐次數少，每餐就會吸收大量的營養，反而無助於減肥，所以，一定要正常的攝取三餐。

此外，以魚和蔬菜為主，少吃肉類，而且避免吃宵夜。

攝取何種飲食才能夠有效的
減少體脂肪呢？

A 首先要減少攝取碳水化合物。碳水化合物主要存在於米、麵包、通心粉、蕎麥麵、烏龍麵和藷類等主食中。碳水化合物是主要的熱量源，一旦體內缺乏碳水化合物，就會分解體脂肪，當成熱量源。不過，不可完全遠離碳水化合物，而是要將 2 碗飯減少為 1 碗飯或使用較小的碗。

另外，油炸食品要去除麵衣，並以里肌肉取代肥肉較多的五花肉。

水中運動對減肥
有何幫助呢？

A 水中運動的優點有 4 項。首先是有「浮力」。水中的體重為陸上的 10分之 1 ，負擔會減輕，對於體力或膝等關節較弱的人特別有效。其次是「阻力」。可以藉著活動身體時的速度和角度，改變水的阻力所產生的負荷。第三是「水壓」。水壓可以提高心肺功能，促進血液循環。最後是「水溫」。消耗的熱量高於陸上，所以能夠提升體脂肪的燃燒率。

何時減肥
對女性較好呢？

A 即生理期（月經）結束後的 2 週內。這個時期新陳代謝旺盛，容易減輕體重。而且情緒也比較穩定，是開始減肥的最佳時期。反之，生理前和生理期時，體重容易增加，即使是在減肥期間內，體重還是會增加。不過，生理期結束後體重就會下降，不必擔心。

此外，極端限制飲食會導致生理失調，要注意。

Q 減肥時只能吃「八分飽」嗎？

A 想要大幅減少體脂肪，則攝取的熱量必須減少15~20%。不過，極端限制飲食無法得到飽足感，會使得壓力積存，容易半途而廢。建議在菜單中減少油，增加蔬菜、海藻或菇類等無熱量的食品。

此外，用餐前可以先喝一碗熱湯，然後再細嚼慢嚥，這樣就容易產生飽足感。

Q 該怎麼做才能減少體脂肪卻又能維持乳房的脂肪呢？

A 減少體脂肪時，無法只留下身體某部分的脂肪，但是，可以鍛鍊乳房周圍的肌肉，避免這部分的脂肪受到重力的影響而下垂。具體而言，就是強化胸大肌。而鍛鍊臀部周圍的臀大肌和臀中肌，則能夠擁有理想的臀形。減肥時，要積極的進行能夠減少脂肪的有氧運動，同時搭配肌力訓練。

Q 懷孕時體重增加與產後體型復原的注意事項

A 即使是懷孕，體重和體脂肪也不能增加過多，否則會引起高血壓或妊娠中毒症等問題。標準是增加10公斤以內。以１週為單位計算，增加量控制在500公克以內。不過，就算增加過多，也不可勉強減輕體重。可以做些輕鬆的運動以維持體型。

產後腹部肌肉拉長，通常半年後就會復原。但是，不能掉以輕心，要保持正確的姿勢，積極做運動。

肌力訓練的效果爲何？

完全沒有接受過訓練的人，開始進行訓練時，身體可能會驟然產生變化，當然也有人暫時沒有改變。

進行肌力訓練 3 週內，腦和中樞神經與肌肉之間的運動神經還無法確立，3 週後才會出現效果。因此，持之以恆相當重要，只做 1 個月是沒有用的。

爲求營養均衡而增加攝取食品的數目是正確的做法嗎？

增加食品數會讓菜單更為豐富。如果早餐吃麵包配荷包蛋、午餐煎蛋捲、晚餐吃雞蛋義大利麵，那麼，三餐都是蛋料理。早餐吃蛋時，午餐就以肉為主食，晚餐則改吃魚。以 1 天為單位來設計菜單。時間充裕時，最好以五味五色為主搭配料理。巧妙的使用蔬菜，讓自己的餐桌變得更加充實。

在家中何時用體脂肪計測量體脂肪較好呢？

最好每天在同一時間測量體重。不過，家庭用的體脂肪計是利用體水量測量體脂肪率，容易產生誤差。主要原因在於暴飲暴食或發燒、下痢造成脫水等。此外，起床後、飯後 3 小時內、泡澡及運動後也會造成改變。不過，只要不是進行馬拉松長跑等運動，則 1 天的體脂肪不會產生很大的變化，所以，必須長時間觀察是否有增加或減少的傾向，同時要配合體重和飲食記錄來做判斷。

Q 體脂肪的1％是多少公克？

A 所謂體脂肪，就是脂肪在體重中所佔的比例，所以依個人體重不同，1％是多少公克也因人而異。例如體重50公斤、體脂肪25％的人，體脂肪為12.5公斤。1%就是0.5公克。如果燃燒1公斤的體脂肪需要7000大卡的熱量，那麼，想要利用運動達到這個目標，就需要很長的一段時間。因此，使用體脂肪計時，必須採取長期觀察數字變動的做法。

Q 剛開始上健身房時做何種訓練比較有效？

A 首先要利用機器從基本的訓練著手。習慣後，可以使用啞鈴、槓鈴等。啞鈴和槓鈴能夠有效的鍛鍊使用器材無法鍛鍊到的內側肌肉。

此外，不妨請健身房的教練指導姿勢和次數。切記！錯誤的動作不僅無法得到效果，甚至會損傷身體。

Q 如何計算體脂肪？

A 可以使用脂肪測定器等計測器，測量上臂後方及肩胛骨下方的脂肪厚度。兩者數字總和超過４公分（女性為５公分）時，就是中度肥胖。而更簡單的方法，就是利用市售的體脂肪計進行測定。依商品的不同，所測得的結果也有差距，可以當成大致的標準來參考。

次頁所介紹的ＢＭＩ，則是利用體重和身高計算肥胖程度的判定法，可以藉著這種方法算出體脂肪。

日本肥胖學會的肥胖判定法

BMI（BODY MASS INDEX）=體重（kg）÷身高（m）^{2}
※標準體重=身高（m）^{2}×22

判　定	判　定
瘦	＜ 20
普　通	20 ≦ ＜ 24
稍　胖	24 ≦ ＜ 26
肥　胖	26 ≦

身高（cm）＼BMI	20	22	24	26
140	39.2	43.1	47.0	51.0
141	39.8	43.8	47.7	51.7
142	40.3	44.4	48.4	52.4
143	40.9	45.0	49.1	53.2
144	41.5	45.6	49.8	53.9
145	42.1	46.3	50.5	54.7
146	42.6	46.9	51.2	55.4
147	43.2	47.5	51.9	56.2
148	43.8	48.2	52.6	57.0
149	44.4	48.8	53.3	57.7
150	45.0	49.5	54.0	58.5
151	45.6	50.2	54.7	59.3
152	46.2	50.8	55.4	60.1
153	46.8	51.5	56.2	60.9
154	47.4	52.2	56.9	61.7
155	48.1	52.9	57.7	62.5
156	48.7	53.5	58.4	63.3
157	49.3	54.2	59.2	64.1
158	49.9	54.9	59.9	64.9
159	50.6	55.6	60.7	65.7
160	51.2	56.3	61.4	66.6
161	51.8	57.0	62.2	67.4
162	52.5	57.7	63.0	68.2
163	53.1	58.5	63.8	69.1
164	53.8	59.2	64.6	69.9

身高（cm）＼BMI	20	22	24	26
165	54.5	59.9	65.3	70.8
166	55.1	60.6	66.1	71.6
167	55.8	61.4	66.9	72.5
168	56.4	62.1	67.7	73.4
169	57.1	62.8	68.5	74.3
170	57.8	63.6	69.4	75.1
171	58.5	64.3	70.2	76.0
172	59.2	65.1	71.0	76.9
173	59.9	65.8	71.8	77.8
174	60.6	66.6	72.7	78.7
175	61.3	67.4	73.5	79.6
176	62.0	68.1	74.3	80.5
177	62.7	68.9	75.2	81.5
178	63.4	69.7	76.0	82.4
179	64.1	70.5	76.9	83.3
180	64.8	71.3	77.8	84.2
181	65.5	72.1	78.6	85.2
182	66.2	72.9	79.5	86.1
183	67.0	73.7	80.4	87.1
184	67.7	74.5	81.3	88.0
185	68.5	75.3	82.1	89.0
186	69.2	76.1	83.0	89.9
187	69.9	76.9	83.9	90.9
188	70.7	77.8	84.8	91.9
189	71.4	78.6	85.7	92.9

有計畫的瘦身

減肥日曆

藉著營養均衡的飲食和適度的運動健康的減肥。
不要因為短時間的體重變化而沮喪，這才是持之以恆的秘訣。
養成將飲食和運動填寫在日記上的習慣。

月 日（ ）	體重 ． kg	運動
	體脂肪 ． %	飲食・營養輔助食品
	尺寸（ ） ． cm	健康狀態・排便

月 日（ ）	體重 ． kg	運動
	體脂肪 ． %	飲食・營養輔助食品
	尺寸（ ） ． cm	健康狀態・排便

月 日（ ）	體重 ． kg	運動
	體脂肪 ． %	飲食・營養輔助食品
	尺寸（ ） ． cm	健康狀態・排便

月 日 （ ）	體重 . kg	運動
	體脂肪 . %	飲食・營養輔助食品
	尺寸（ ） . cm	健康狀態・排便

月 日 （ ）	體重 . kg	運動
	體脂肪 . %	飲食・營養輔助食品
	尺寸（ ） . cm	健康狀態・排便

月 日 （ ）	體重 . kg	運動
	體脂肪 . %	飲食・營養輔助食品
	尺寸（ ） . cm	健康狀態・排便

月 日 （ ）	體重 . kg	運動
	體脂肪 . %	飲食・營養輔助食品
	尺寸（ ） . cm	健康狀態・排便

讓自己充滿幹勁

減肥年度圖表

減肥時要設定明確的目標，這才是成功的秘訣。
掌握體重的變化，填寫想要減輕的體重。
此外，最好是在起床後或就寢前等固定時間測量體重和體脂肪。

6	7	8	9	10	11	12

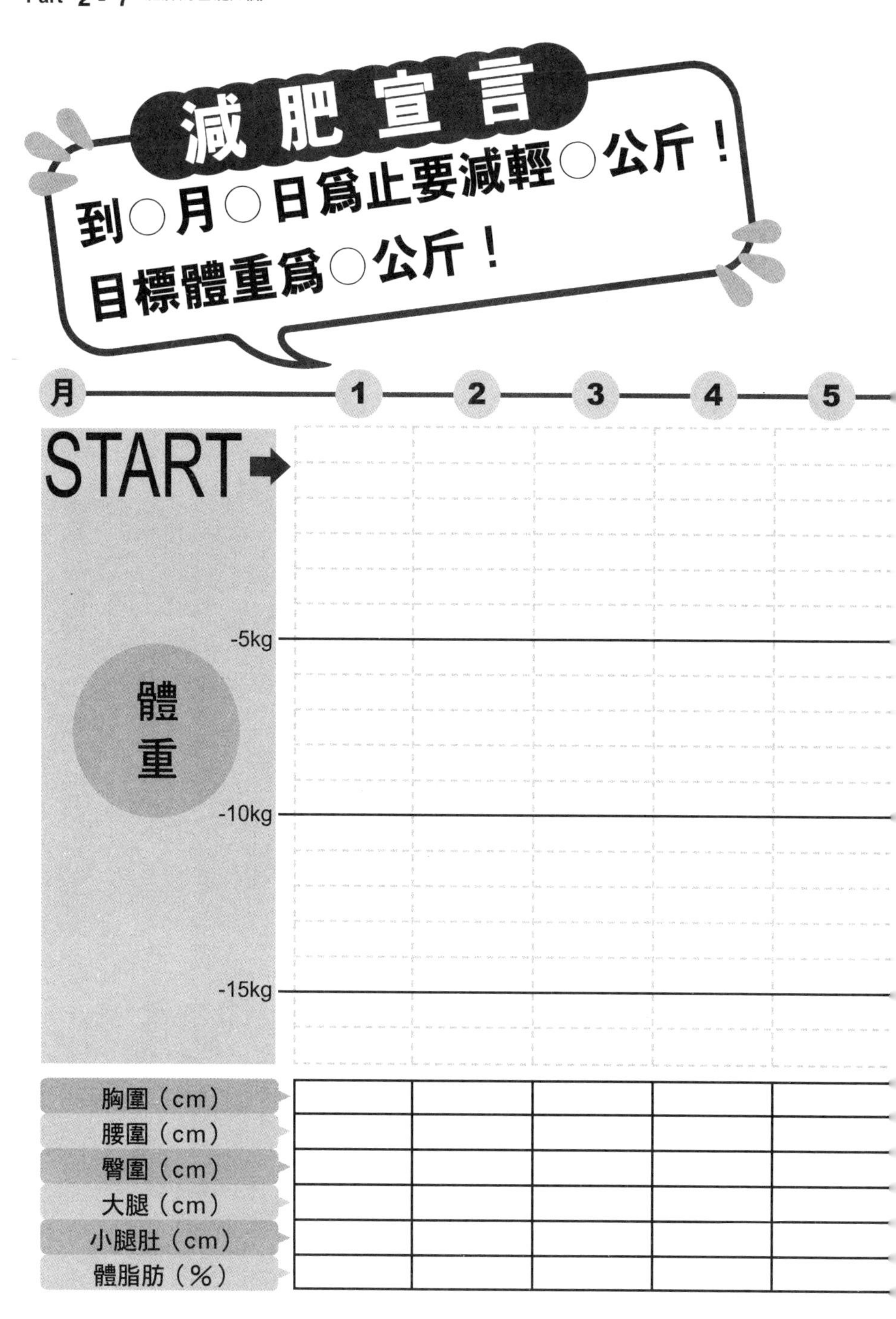
減肥宣言
到○月○日爲止要減輕○公斤！
目標體重爲○公斤！
月
1
2
3
4
5
START
-5kg
體重
-10kg
-15kg
胸圍（cm）
腰圍（cm）
臀圍（cm）
大腿（cm）
小腿肚（cm）
體脂肪（%）

水中有氧運動

售價280元

舒適！超級伸展體操

售價280元

創造健康的肌力訓練

售價220元

總編輯　　石田　良惠

保健學博士。現任女子美術大學教授。

25歲以前是田徑短跑好手，努力培養女子田徑選手。現在仍是活躍的田徑指導員。主要著書包括『肥胖科學』、『女性與運動』、『運動生理學』、『去除皮下脂肪之書』等。

主編（水中運動）　　古賀　富貴子

健康運動指導師。現任東京都創造健康推廣中心運動指導員。

為ACSM/HFI・JAFA/ADI・Sky-pro諮商員、東京Health Fitness交流會顧問、健康運動音樂研究會顧問。

參加各種義工團體和地區支援，持續推廣增進健康的活動。

雕塑完美身材

售價280元

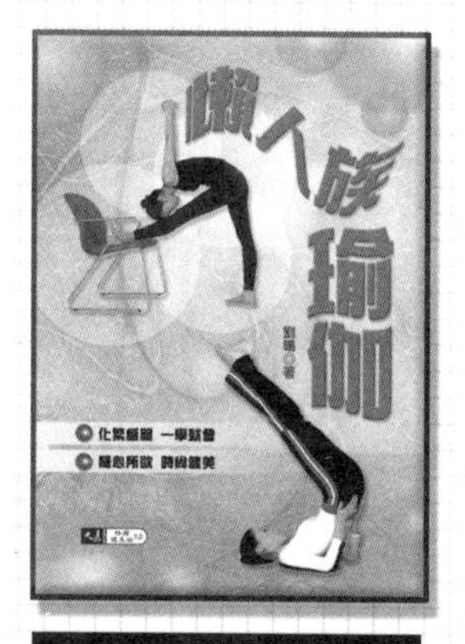

懶人族瑜伽

售價280元

創造超級兒童

售價280元

國家圖書館出版品預行編目資料

雕塑完美身材／石田良惠 主編，施聖茹 譯
—初版—臺北市：大展，2004【民93】
面；21公分—（快樂健美站；7）
譯自：ボディデザインBOOK
ISBN957-468-344-3（平裝）
1. 減肥 2. 塑身

424.1 93017521

KARADA KAITEI BOOKS ⑭ BODY DESIGN BOOK

Originally published in Japan in 2001 by TATSUMI PUBLISHING CO.,LTD.
Chinese translation rights arranged through TOHAN CORPORATION, TOKYO.,and Keio Cultural Enterprise Co., LTD.

雕塑完美身材 ISBN 957-468-344-3

主 編／石田良惠
編 者／古賀富貴子
譯 者／施聖茹
發 行 人／蔡森明
出 版 者／大展出版社有限公司
社 址／台北市北投區（石牌）致遠一路2段12巷1號
電 話／（02）28236031・28236033・28233123
傳 真／（02）28272069
郵政劃撥／01669551
網 址／www.dah-jaan.com.tw
E-mail／service@dah-jaan.com.tw
登 記 證／局版臺業字第2171號
承 印 者／弼聖彩色印刷有限公司
裝 訂／協億印製廠股份有限公司
排 版 者／順基國際有限公司
初版1刷／2004年（民93年）12月

定價／280元